景观雕塑艺术

冯都通　施琳琳　著

江苏凤凰美术出版社

图书在版编目（CIP）数据

景观雕塑艺术 / 冯都通，施琳琳著. -- 南京：江
苏凤凰美术出版社，2021.11
ISBN 978-7-5580-8212-2

Ⅰ.①景… Ⅱ.①冯… ②施… Ⅲ.①雕塑 – 景观设
计 – 高等学校 – 教材 Ⅳ.①TU986.4

中国版本图书馆CIP数据核字（2020）第257241号

责任编辑　王左佐
助理编辑　孙剑博
封面设计　焦莽莽
责任校对　韩　冰
责任监印　唐　虎

书　　名　景观雕塑艺术
著　　者　冯都通　施琳琳
出版发行　江苏凤凰美术出版社（南京市湖南路1号 邮编：210009）
制　　版　江苏凤凰制版有限公司
印　　刷　南京凯德印刷有限公司
开　　本　889mm×1194mm　1/16
印　　张　7
字　　数　150千
版　　次　2021年11月第1版　2021年11月第1次印刷
标准书号　ISBN 978-7-5580-8212-2
定　　价　58.00元

营销部电话：025-68155675　营销部地址：南京市湖南路1号
江苏凤凰美术出版社图书凡印装错误可向承印厂调换

序

世界雕塑艺术的发展紧紧追随着人类文明的发展脚步，潺潺不息，源远流长。现代社会文明和生存环境的发展变革，对雕塑艺术的形态提出了新的需求和新的形式概念——"景观雕塑"。"景观雕塑"的概念从"环境雕塑"和"景观设计"的综合衍生而来，更明确地提出了人类对生存环境的整体性、整合性的艺术审美处理的要求。在中国，"景观雕塑"更是雕塑艺术发展的一个急需并有待深入探索的一个重要领域和艺术市场，同时更需要相关专家学者开展对该领域的指导性和引领性的实践与研究。

本教材的撰写旨在弥补国内业界在"景观雕塑"教学上资源的相对匮乏，为国内雕塑艺术教学尽作者的绵薄之力。本教材在撰写中借鉴吸收了国内外同类书籍的资源长处，相对整合全面地介绍了"景观雕塑"的发源发展、艺术语言特征、艺术形态类型、美学意义、社会功用、内核与外延、创作设计方法等相关的基础知识。力求能够为"景观雕塑艺术"的课程教学提供一套系统可靠的方法依据。使学生能够掌握景观雕塑的设计理论和创作方法，开拓艺术认知视野，具备敏锐的艺术感受和创造力，更好地满足和提高我们生存环境的景观艺术审美性。

本教材已是在七年前出版的《景观雕塑》基础上的重新撰写再版。由于几年的时间里特别是国内城市及环境景观发生了许多的变化，雕塑界也发生了许多大事件。基于此我们在原版教材的基础上去掉了些陈旧的内容，加上了些符合当下的内容，同时也把我们自己这些年的实践经验内容加深了些，以供读者更多地参考与探讨。

本教材撰写过程中，由于"景观雕塑"相关的实物索取面太广，在文中的范例及图片运用了许多的国内外景观雕塑优秀作品，从而也增加了图例及相关资源获取的难度，相对而言图例来源渠道复杂，标注内容虽已尽力翔实，每张图都力图精心挑选，但仍难免欠缺和不足。对本教材的撰写我们虽尽心而为，但能力有限，望业内各位专家、读者给予批评指正。

本书共分为六章，一、三、四、五、六章都由冯都通老师撰写，其中第二章景观雕塑起源与发展由施琳琳老师参与撰写。

著者

目录

第一章
景观雕塑概述

第一节　景观雕塑的概念

要解释景观雕塑首先要搞清楚什么是景观，景观作为一种客体而存在基本释义：指某地区与某种类型的自然景色，也指人为创造的景色。景观是指土地及土地上的空间和物质所构成的综合体，它是复杂的自然过程和人类活动扎在大地上的烙印。景观雕塑顾名思义也就是作为或成为景观的雕塑，它是人类以雕塑形态的活动在大地上的印记，并人为创造出的景色。

图 1-1-1　云冈大佛

山西大同云冈大佛景观雕塑（图 1–1–1）是人为景观的一种艺术表达方式。那么它也就具有景观的一切学科特点及美学特征。它与规划、园林、生态、地理等多种学科交叉，同时景观雕塑作为视觉审美对象，在空间上与人、物、我分离。景观表达了人与自然的关系，人与土地的关系，人对城市的态度，也反映了

人的理想和欲望。这些都是通过雕塑艺术的形式来阐释的。景观雕塑是空间的体验，是城市空间中生活想象的栖息地。人在空间中的定位与对雕塑景观的认同使景观与人、物、我合一，景观雕塑就是用雕塑作为景观的载体来阐释人对自然、对社会、对历史、对文化的一种审美、体验、分析、思考的态度。通过雕塑的形式对城市空间和精神指向的一种艺术的延伸，景观雕塑也将成为现代都市人对自然生态和城市空间矛盾的一种想象与逃避（图 1-1-2 至图 1-1-5）。

图 1-1-2　吕品昌　《三江映月》

图 1-1-3　吕品昌　《三江映月》夜景

图 1-1-4　曾成钢　《莲说》

图 1-1-5　乃丁　《马》

景观雕塑与环境雕塑概念上的区别：景观雕塑的英文名称是 landscape，而环境一词则是 environment。两者的区别在于前者是静态的呈现，后者是动态的参与。景观雕塑是用雕塑的形式人为地塑造一处景观，雕塑是景观的主体。环境雕塑是雕塑成为环境的一个部分，是为了提升环境空间的视觉效果和品质，是雕塑配和着环境。当然这只是概念上的区分，其实往往这两个概念可集于一身。

第二节　景观雕塑的特点

景观雕塑作为公共雕塑景观供人欣赏区别于其他雕塑的特点如下。

1. 开放性（公共性）

当今，人类对于自身生活环境的品质要求愈来愈高，除了维持生活的平衡和物质生活环境的丰富，

同时也追求精神生活的层次与多元，艺术早就是世界人民生活富裕的指标，公共艺术的丰富多样更是一个地区物质与精神高度的重要体现。景观雕塑作为公共艺术的重要组成部分一直是公共艺术中的大宗。景观雕塑一般放置在户外的公共环境中，是公共空间的风景，是公共生活的重要组成部分，它长时间地作用于普通观者的感官并影响着人们的审美和精神活动，在人们的生活中营造着一种审美和精神指向的氛围。作为开放摆放的景观，这时就要求雕塑具有较强的公共性，这里指的是一种公共性审美。公共性审美是基于公共性审美心理的一种审美诉求（图 1-2-1）。

图 1-2-1　《拉奥孔》

公共性问题首先是一个哲学问题，起源于古希腊城邦。同时也是这个时代问题的核心。公共性是强调公众参与共享的权利，体现了人们对交往方式和生存方式的平等性的追求。在艺术上主要是指公开性、公益性、共同性，是公共性审美的体现。一说到公共审美我们不得不提起古希腊，我们就要讲到古希腊的雕塑家以"人体"为创作的最高表现。皆以凡身美为准则，少有荒谬怪诞的内容，希腊雕刻家对"人体美"的表现进而成为绘画、雕塑之源，因人体本身是有无限变化与复杂性。从万千的微妙

姿态中有着无穷的美的存在。有限的人体可幻化出无穷无尽的艺术境界。由于古希腊常年炎热，人们衣着很少，薄衣透体，裸露大方，同时又热爱体育运动，有健美的身形。人体美在古希腊人们心中有审美上的共通性。人体美成为至高无上的公共性审美心理就不足为奇了。公共空间中的雕塑多以裸身出现。（图 1-2-2 古希腊《波塞冬》、图 1-2-3 古希腊米隆《掷铁饼者》、图 1-2-4 古希腊菲迪亚斯《三女神》）公共性原则是民主意识的强化，是尊重每个人。公共性在艺术上并不是艺术上的独特性，而是要求艺术形式的多样化。不同的文化、不同的国度、不同的民族、不同的宗教信仰都有不同的公共性审美心理。景观雕塑的公共性是要尽量表达人类普遍情怀和恒常理性，从而让人产生情感的共鸣。作为公共艺术作品景观，雕塑在考虑普遍情怀和恒常理性的同时也必须符合时代，要反映体现当代人普遍认同的时代精神。但艺术上的公共性审美同时也需要艺术家的前瞻性引导，这样才能真做出恒久新颖的景观雕塑。如法国著名的埃菲尔铁塔刚要建时遭到诸多人的反对，但最终时间证明一切，它成为巴黎的地标性景观。（图 1-2-5 法国埃菲尔铁塔）。

图 1-2-3 古希腊 米隆 《掷铁饼者》

图 1-2-4 古希腊 菲迪亚斯 《三女神》

图 1-2-5 法国 埃菲尔铁塔

图 1-2-2 古希腊 《波塞冬》

2. 持久性

景观雕塑一般都是安置在户外的公共空间里，作为城市景观它大多是市政工程，一旦建成都会代表城市的文化特征与城市形象出现，它是城市环境的重要组成部分，一般是不会轻易拆除。同时因要历经风吹雨打，日晒严寒，所以一般都会选用耐久性的硬质材料加工制作以保持长久，如古希腊罗马的石雕、铜铸经历千年且不朽，直到现在，许多雕塑还屹立在环境当中，成为城市的重要旅游景观。（图1-2-6古希腊神庙雕刻）

图 1-2-7　哥伦比亚　费尔南多·波特罗　《武士》

图 1-2-6　古希腊神庙雕刻

3. 安全性

景观雕塑作为公共艺术的一个部分，需要人的参与和与人互动。这就是说，需要考虑其存在是否会给公众的安全带来隐患。作为景观雕塑，在户外的公共空间当中，其必然会有一定的体量和尺度，同时它的材质多为硬质材料，其重量可见一斑了，如果在结构或安装上出现隐患则是不被允许的，一旦出现问题后果将不堪设想。所以艺术家在设计和制作的过程中首先要考虑到其作品的合理性和可实施性。这一点在一般的城市雕塑设计招标或景观雕塑大赛中都会郑重声明。所以安全性也是景观雕塑的必然条件。（图1-2-7费尔南多·波特罗作品，图1-2-8穆希娜作品）

图 1-2-8　苏联　穆希娜　《集体农庄》

第三节　景观雕塑的分类

1. 按雕塑的艺术形态语言分

1.1 圆雕式景观雕塑

三维立体地独立在空间中，立于地面或者悬挂在空中，可以从各个角度立体观赏的景观雕塑作品。是景观雕塑最常用的一种形态语言。（图1-3-1至图1-3-3）

图 1-3-1 佚名

图 1-3-2 曾成钢 《山神》

图 1-3-3 王寅 《神经元·创造》

图 1-3-4 古希腊 《参与巨人的战斗》

图 1-3-5 瑞典 威生佐·维拉 《遇难的劳工》

图 1-3-6 布德尔 《奔向阿波罗》

图 1-3-7 贾濯非 《秦腔回荡》

1.2 浮雕式景观雕塑

依附于一定的底板，压缩在平面上的雕塑形式，介于圆雕与平面绘画间的一种景观雕塑形态。根据压缩空间厚度的不同程度，有高、低、浅三种浮雕手法（图 1-3-4 至图 1-3-8）。

图 1-3-8　贾科莫·曼祖

1.3 镂雕式景观雕塑

没有底板依附的悬空独立在空间中的单面或者双面的，被空间穿行贯通的镂空浮雕，称为镂雕的景观雕塑（图1-3-9至图1-3-11）。

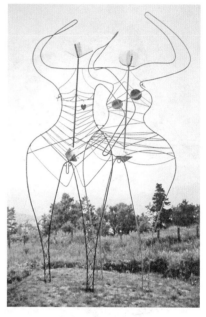

图 1-3-11　佚名

1.4 综合雕式景观雕塑

综合运用了圆雕、浮雕、镂雕多种形态语言为一体的景观雕塑作品，整体性的面貌主要呈现为圆雕的形式，称为综合雕式景观雕塑（图1-3-12至图1-3-14）。

图 1-3-9　佚名

图 1-3-10　佚名

图 1-3-12　吕品昌作品

图 1-3-13　波松　巴黎广场浮雕

图 1-3-14　英国　亨利·摩尔　时间/生命展示

2. 按场所规模分

2.1 大型景观雕塑

　　大型景观雕塑指放置于广场、公路、交通大转盘、大型绿化区、生态公园、大型企业商业区等这些拥有较大空间的开阔场所的景观雕塑。大型景观雕塑要与场地环境相协调，达到一定的尺寸规模和体积空间，来满足大型空间的审美装饰要求，并且在内容表现上具有较强的主题性和环境性特质。例如广西北海市的作品《潮》高度近 25 米，气势恢宏、壮丽，造型精粹、刚健并在具有干净、时尚的现代性中呈现出交响乐般的盛大与瑰丽，犹如正午的太阳闪动着炫目的华彩（图 1-3-15）。英国安妮施·卡普尔矗立于美国芝加哥的《云门》，整个雕塑高达 33 英尺，重量为 125 吨。巨大弧形与凹凸感以及图像的反射将人的感受引领到另一个世界，周

遭的景象映现在柔和的形体上，并随着天气状况和观察者位置的变化而变化，其表面的凹凸曲面使得周围的影像扭曲、重叠，形成无数神奇的异形奇影。以作品承光，以光鉴景，似幻似景，产生出了一种扩展超然的力量。人们就像在外部看到城市一样从中看见了自己，看到飘浮的云和摩天大楼的倒影与行人，那柔和简约的形态唤起了观者内心细腻的情愫。《云门》看起来光怪陆离，像是一幅观念绘画，一幅流动的风景画。事实上，它一无所有，虚空的影像意味着一种存在于生命和物质内核的虚空。事实上，大多数人喜欢在镜子般的不锈钢雕塑表面欣赏其反射的身影（以芝加哥的全景地平线为背景）。很多时候，《云门》也反映了豌豆形状的云朵。与安妮施·卡普尔所试图达到的目的一致：人物、建筑及云朵的反射形象在豌豆状的弯曲表面被扭曲。整个过程增加了另一种愉悦地观看此作品的新维度（图 1-3-16）。巴西的里约热内卢耶稣山的《巴西基督像》（图 1-3-17），坐落在里约热内卢国家森林公园中高 710 米的科科瓦多山顶之上，俯瞰着整个里约热内卢。雕像中的耶稣基督身着长袍，双臂平举，呈十字架造型，总高 38 米，重 1145 吨，双臂展达到 28 米宽，体积十分庞大，成为世界新七大奇迹之一。《华盛顿纪念碑》（图 1-3-18），美国华盛顿的地标，为纪念美国总统乔治·华盛顿，石碑是以白色大理石建成方尖形，高度是 169.3 米，内墙镶嵌着 188 块由全球各地捐赠的纪念石，169 米高的华盛顿纪念碑，可俯瞰波托马克盆地全貌，比华盛顿特区所有的建筑都高。20 世纪 60 年代苏联的《斯大林格勒保卫战英雄纪念碑》雕塑艺术综合体《祖国母亲》（图 1-3-19）坐落在现今俄罗斯伏尔加格勒的玛玛耶夫高地上，雕像高达 104 米，雕像重 8000 吨，内部有阶梯直通雕像的肩部。

图 1-3-15　魏小明　《潮》

图 1-3-16　安妮施·卡普尔　《云门》

图 1-3-17　《巴西基督像》

图 1-3-18　《华盛顿纪念碑》

图 1-3-19　苏联　符切季奇　《祖国母亲》

2.2 小型景观雕塑

　　小型景观雕塑相对于大型景观雕塑而言是指其所放置的场地环境相对较小，如放置于街区街心、社区环境、步行街、休闲公园、建筑体局部等这些空间范围较小的景观雕塑。它们体量规模小，内容题材相对大型景观雕塑更轻松自由，不要求太强烈、太明确的主题性，更生活化更休闲，因而以装饰美化生活环境为主要目的表现形态更多一点（如图1-3-20至图1-3-26）。

图 1-3-20　法国　德·米勒　《倾听》

图 1-3-21　波特罗作品

图 1-3-24　弗朗西斯科 · 祖尼加
《四女群像》

图 1-3-22　英格兰　切尔滕纳姆　巴里 · 弗
拉纳根　《牛头怪和兔子》

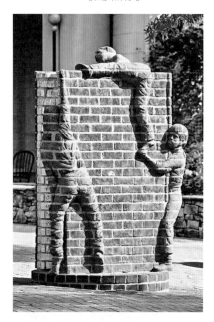

图 1-3-25　美国　布拉德 · 斯宾塞
砖雕作品

图 1-3-23　伊格尔 · 米托拉吉　《月光》

图 1-3-26　托尼 · 史密斯作品

3. 按内容形式分

3.1 纪念性

纪念性景观雕塑是为了纪念某一具体的历史事件、历史人物，以它们为创作表现的主要内容和形态而实现的雕塑作品。这种类型的作品主题内容特别明确，题材与采用的语言形式相对庄重严肃，一般多放置在一些具有历史意义的特定的场所或者醒目开阔的场所，如纪念馆、历史事件遗迹、陵园、广场等，并与周围的建筑或者景观物品互相烘托构成一个具有纪念意义的环境场。例如：纪念人物的《毛泽东像》《李大钊像》《恩格斯像》《郑成功》等（图1-3-27至图1-3-30）；纪念事件的《林风眠与蔡元培》《艰苦历程——红军长征纪念碑》《抗洪胜利纪念碑》等（图1-3-31至图1-3-33）。

图 1-3-29　曾成钢　《恩格斯像》

图 1-3-27　黎明　《毛泽东像》

图 1-3-30　李维祀　《郑成功像》

图 1-3-28　钱绍武　《李大钊像》

图 1-3-31　杨奇瑞、余晨星　《林风眠与蔡元培》

图 1-3-32 叶毓山 《艰苦历程—红军长征纪念碑》

图 1-3-33 叶毓山 《抗洪胜利纪念碑》

3.2 主题性

主题性景观雕塑是指针对具体的能体现区域、历史文化特点，或者具有社会意义的主题内容所创作设计的作品。如类似于"和平""自由""发展"等类型的主题雕塑。相对于纪念性类型语言它们相对轻松，不针对表现具体的人物或者事件，而借助雕塑艺术的某一种形态表达更为广泛意义上的概念性思想主题内容。它们以形象的语言与区域环境紧密结合，用象征和寓意手法体现区域文化，促进文化交流、传播。例如：《庆丰收》（图 1-3-34、图1-3-35）、表现爱情的《恋人》（图 1-3-36）、表现竞技斗志的《挑战》（图 1-3-37）、表现反暴力的打结手枪作品（图 1-3-38）、表现大的气象主题的《天地之间》《风、花、雪、月》《东方之光》等作品（图 1-3-39 至图 1-3-41）。

图 1-3-34 曲乃述等 《庆丰收》

图 1-3-35 曲乃述等 《庆丰收》

图 1-3-36 理查德·赫斯 《恋人》

图 1-3-37　俞畅　《挑战》

图 1-3-38　卡尔·弗雷德里克·雷乌特斯韦德
《打结的枪》

图 1-3-39　傅中望　《天地之间》

图 1-3-40　叶毓山　《风、花、雪、风》

图 1-3-41　夏邦杰、仲松　《东方之光》

3.3 装饰性

装饰性景观雕塑相对地不同于纪念性和主题性、景观性雕塑的主导地位，它们处于从属的地位，服从于整体环境景观的装饰要求。但由于它们的形态语言更加纯粹地主要在于发挥装饰美化环境景观的作用，所以适宜的、可放置的环境空间十分广泛，表现内容与表现形式十分丰富自由，因为不服务于太过具体的主题与内容，只要能与所放置的周围的景观环境和谐统一，产生审美艺术效果即可。其注重形式美感、趣味性、淡化情节，抒情、浪漫、夸张，具有象征韵味（图 1-3-42 至图 1-3-48）。

图 1-3-42　蒋铁峰　《灿烂的明天》

图 1-3-45　墨尔本一雕像

图 1-3-43　王培波　《行云流水》

图 1-3-46　乔纳森·博罗夫斯基　《友爱》

图 1-3-44　王培波　《向往》

图 1-3-47　威廉·派伊　《天空·宇宙》

图 1-3-48　魏小明　《水仙》

3.4 功能性

　　功能性景观雕塑是将雕塑与实用功能相结合进行造型设计的立体空间作品，是兼有实用性和艺术审美性的雕塑作品。雕塑与景观公共设施的有机结合，被广泛地运用于现代生活空间中，功能性景观雕塑中有与公共设施中的物品造型结合的，也有与建筑的实用空间相结合的，使环境变得更艺术化，也更人性化，使人们在使用公共设施时享受艺术带来的愉悦（图 1-3-49 至图 1-3-54）。

图 1-3-49　登顿·科克·马歇尔作品

图 1-3-50　弗兰克·盖里　柏林 NHOW 酒店

图 1-3-51　格里·朱达作品

图 1-3-52　高迪　米拉之家

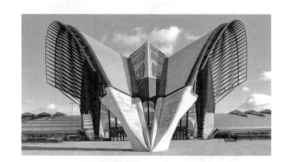

图 1-3-53　卡拉特瓦拉　里昂国际机场

图 1-3-54　高迪作品

3.5 标志性

标志性景观雕塑是具有标识性功能的立体空间艺术作品，最典型的是运用在商业领域的商业标志雕塑。在这种类型里，雕塑艺术以自己的立体视觉形象，作为某一个特定的商业、企业甚至城市、国家、地域等主体的符号，来传达这个主体所包含的内容信息、文化特点，起到说明和代表这个主体的作用。它的表现形态和运用的艺术语言都要符合它所代表的主体的主要内容特征和文化内涵，并且能够最直接、最明确地呈现给观者，向观者传达并说明主体的信息。例如：中国广州羊城的标志雕塑《五羊组雕》（图1-3-55）；丹麦的《美人鱼》雕像（图1-3-56）；纺织企业、火车站、汽车集团、海洋馆、大戏院等门口伫立的标志性雕塑（图1-3-57至图1-3-59）；汽车4S店、土特产店、各类餐饮店的标志性雕塑（图1-3-60至图1-3-62）。

图1-3-57　阿尔曼　巴黎圣弗萨尔平站

图1-3-58　阿尔曼　巴黎圣弗萨尔平站

图1-3-55　尹积昌、陈本宗、孔繁纬　《五羊组雕》

图1-3-56　爱德华·艾瑞克森　《美人鱼》

图1-3-59　路虎汽车集团设计的标志雕塑

图 1-3-60　佚名

图 1-3-61　佚名

图 1-3-62　佚名

第四节　景观雕塑的美学意义与社会功用

1. 景观雕塑的美学意义

我们在这里谈论景观雕塑的美学意义，既是在谈论景观雕塑作品自身所产生的视觉美感的本质意义，以及它带给观者的审美体验的艺术哲学的意义；也是在探讨景观雕塑这种进入公共空间的艺术形态，对于"研究艺术中美的本质、审美意识和审美对象之间的关系"这样一个艺术课题中其所起到的作用和所具有的价值及意义。

1.1 唤起审美对象心中的"崇高"审美精神

"崇高"从物象的角度理解可称"壮美"，指物象以其粗犷、博大的感性姿态，劲健的物质力量和精神力量，雄伟的气势，给人以心灵的震撼，进而使人受到强烈的鼓舞和激励，引起人们产生敬仰和赞叹的情怀，从而提升和拓宽人的精神境界。景观雕塑由于其应公众的情感诉求产生在广阔的公共景观环境中，它所表现的宏大题材内容包括呈现出来的巨大空间体量造型相对其他艺术形式更具有雄伟壮美的艺术视觉审美效果。

我们把威力强大的对象称为崇高，因为它把我们的精神力量提高到超出平常的尺度，在我们内心里发现另一种抵抗力，使我们有勇气去和自然界的这种表面的万能威力进行较量。我们可以从两个方面来解读景观雕塑带给观者的审美崇高感，一方面其立体雕塑形态在数量、体积、空间上的宏伟巨大，让人感受到一种压迫感和震撼感；另一方面人类也对自己——艺术家能创作出如此伟大而富有力量感的立体艺术作品，心生无限景仰和感慨，所以这种面对景观雕塑产生的审美崇高感既是对审美对象，即"实践对象"，所表现出的如自然界事物状貌样态的强大威力感的一种由视觉传递给内心而生的崇高感，又是对人类自身对于巨大空间形态的一种征服力、掌控力和创造力的自我赞颂，即对作品的创造者——"实践主体"的能动性方面的崇高——人格行为中的强大威力的赞颂。

例如《美国拉什莫尔国家纪念碑》（图1-4-1）将美国历史上做过巨大贡献的四位总统：华盛顿、杰斐逊、林肯和罗斯福的肖像直接开凿在海拔1890米的拉什莫尔山峰的山体上，整个工程历时14年才完成，每尊头像的高度约为18米，总面积约为20平方米，其中鼻子长度约7米，嘴的宽度为2.6米，眼睛宽1.5米，是一个不寻常的工程成就，作品运用了精确的计算和定向爆破技术加快工程进展，整座雕像炸掉运走的废石达45万吨之多。作品中第一任总统华盛顿头部处理成圆雕并以胸像的形式位于整组肖像的最前列，其他三人以高浮雕的形态依山体的交错排列在其后，整组浅灰色花岗岩纪念像以蓝天白云为背景，四周环绕着气势雄伟的层峦叠嶂，惊人的尺度、磅礴的气势极具震撼力；中国河南郑州修筑的《黄帝炎帝》（图1-4-2）巨型雕像坐落在黄河南岸的向阳山上，总高106米，人工塑造部分为胸像，由钢筋砼框架结构支撑外壳、外壳面采用条石雕砌，整个工程使用了7000多吨混凝土、钢材1500多吨、花岗岩6000多立方米，相当于建造两栋12层楼房的用材，胸部以下则依山体为像身。巨塑以山为体，山人合一，浑然天成，融黄河、黄土、黄帝三者与一体，体现了与大地共生、与山川同在、与日月同辉的雄浑、博大的艺术效果。二帝造像，一个威武刚强、凤目龙隼、气宇轩昂，一个广额纯朴、智慧慈爱，他们包容了中华民族的崇高品质，体现了不屈不挠、勤劳勇敢和开拓前进的宏大气概，作品以人格心灵的崇高为内容，以物体景象的崇高为形式，使震撼人心的威力更为凝练集中。

图1-4-1 《美国拉什莫尔国家纪念碑》

图1-4-2 《黄帝炎帝》

1.2 引导审美对象感受"优美"的艺术情怀

"优美"在美学里指婉约柔和的美，与壮美或崇高相对，属于两种不同风格的美。我国近现代在文学、美学、史学、哲学、古文字、考古学等各方面成就卓著的国学大师——王国维，糅合了西方美学的"崇高"理论与中国古代美学"阴阳刚柔说"在对清代文学巨著《红楼梦》的评论中提出："美之为物有二种：一曰优美，一曰壮美。若吾人与审美对象无利害关系，又毫无生活之欲存在，则此时吾心宁静之状态，名之曰优美之情，而谓此物曰优美。若此物大不利于吾人，而吾生活之意志为之破裂，因之意志遁去，而知力得独立之作用，以深观其物，吾人谓此物曰壮美，而谓其感情曰壮美之情。"从此处我们可以理解"优美"是使人心灵感受到"宁静和谐，美好流畅"的一种审美精神。

景观雕塑的"优美"必然在空间造型形态上具有轻盈、柔美、绚丽、清新、优雅等品格。并且外观形式与美的内容统一、和谐，没有冲突矛盾，具有静态、柔性的美的特质。就如雅典卫城厄瑞克特翁神殿的女柱像（图1-4-3），她安静温柔地凝视着远处，宁静直立的动态，垂坠丰富的衣褶，单腿重心的姿态轻盈放松；又如中国宗教石窟造像中的菩萨观音造像（图1-4-4），神情祥和恬淡，体态造型圆润饱满、丰腴流畅，衣纹飘逸精致，色泽华美绚丽。

西方现代雕塑家康斯坦丁·布朗库西的景观雕塑作品《吻之门》（图1-4-5），高175厘米，创作于1936年到1938年，门的造型源自古罗马的凯旋门，但与古罗马凯旋门的宏伟相比，显得它体量小巧、结构单纯。两侧门柱的四个面分别竖直中分为二，中缝分界处边缘都向内圆润过渡，顶端上镶嵌有圆形凸起的石环和相对应的吻合的半球体，每一面的形态都像极了一对紧密拥吻的恋人（图1-4-6）。甜蜜的主题、优雅简洁的形态，抽象的构成给人无尽的遐想。直线方块与圆形球体穿插结合，并有弧形转角处理，无不体现了宁静简约中的柔情蜜意。

《无尽柱》（图1-4-7）以六边形体为基本单位，连贯着不断重复地由地面向天空延伸，形态如缓缓垂泻而下的水柱，又如蜿蜒向上生长的植物。无休无止的简单重复构成，使观者的意念净化集中，仿佛摒除了各种诱惑或烦扰，达到一种原始宁静的精神慰藉。

图1-4-3　厄瑞克瑞克特翁神殿女柱像

图1-4-4　石窟造像

图1-4-5　康斯坦丁·布朗库西　《吻之门》

图1-4-6　康斯坦丁·布朗库西　《吻之门》

图 1-4-7 康斯坦丁·布朗库西 《无尽柱》

1.3 艺术化地融合审美心灵与景观意境

审美心灵是对美好事物的感受能力，自然、环境的美景是人收获美感的取之不尽，用之不竭的源泉。美学理论家杨辛、甘霖认为："意境是客观（生活、景物）与主观（思想、感想）相熔铸的产物。意境是情与景、意与境的统一。"而景观雕塑正是用立体的空间艺术形态融合了人类的"情""意"与环境的"景""境"，实现了一种情景交融。意境的产生，是虚与实、情与景的结合，有实景，还有使人产生联想的声、色、光和影等景外之景，使得物我产生交融。景观雕塑艺术作品一方面实现了与环境的对话，使静态的实用空间变成富有生命情感的精神空间；另一方面通过审美过程与人（审美主体）产生了情感的对话交流，从而就像桥梁似的搭建了人与境的沟通。

美国雕塑家亚历山大·考尔德的景观雕塑（图1-4-8、图1-4-9），运用大块大块的有机形体金属片穿插组合拼接在一起，造型庞大，色彩鲜艳明亮，这些作品坐落在现代城市建筑群之间的空间中，其周围的建筑空间形态主要是被分割开几何形复数的单调叠加，显得疏离和冷漠，雕塑体鲜艳的色彩

和流畅多变的线性空间使得周围充满直线的冷峻楼群灵活生动起来，也使都市生活中人们紧绷的神经得到了舒缓和放松。亚历山大·考尔德的作品中还有一些更优秀的活动雕塑，其部分的金属片用轴和线进行了连接，运用风动的原理，借助单纯的空气流动动力来产生运动。当微风徐徐吹来的时候，雕塑就开始做柔美舒缓的移动，并产生重新的空间排列，与周围的环境形成新的组合关系。亚历山大·考尔德通过控制作品的平衡点、连接轴的长短以及金属片的大小与重量，使每一组的运动速度与力度都不相同，使作品既产生组织的又反复变幻无常的运动，使这些作品周围规则、机械的建筑环境变得生动活泼，使得观者的心情也跟着轻快愉悦起来。

图 1-4-8 亚历山大·考尔德 《红鹤》

图 1-4-9 亚历山大·考尔德作品

2. 景观雕塑的社会功用

2.1 纪念与传播的功用

景观雕塑的纪念与传播的功用，是其最早体现出来的功能。在原始社会时期，原始人为了纪录表现人们对自然界物象的认识与探索，对祖先的纪念，以及为信仰崇拜塑造膜拜的物质对象和物质形态来传播信念、震慑灵魂，集中意念而创作景观雕塑作品作为精神载体；而后这种功用被历代帝王发展演化成不同形式的纪念碑雕塑，陵墓纪念雕塑来记录、歌颂他们的丰功伟绩；西方的基督教、东方的佛教都大幅度地利用了景观雕塑表达宗教信仰这一功能，塑造了很多具有震撼力的宗教艺术形象来为他们传播教义。雕塑形式语言的形象性和立体实在感以及其材料的持久性甚至永久性，使它能够很好地、恒久地跨时空、跨语言、跨民族地、形象地讲述事件，传播思想。所以从古至今，景观雕塑的纪念与传播的功用一直得到沿用，只是不同时代有不同的表现内容与表现对象。

2.2 美化与装饰的功用

人类随着文明的发展，对自己的生存空间、活动空间、居住空间，除了讲求直接的使用功能外，还要讲究审美装饰和精神享受，雕塑艺术语言也是人们运用于空间装饰不可或缺的一种手段。雕塑具有线雕、浮雕、透雕、圆雕等几种表现形式，可以从平面到立体再到穿透等几个空间层面全方位地装饰美化环境。景观雕塑以相对较大的体积形态、富有空间美感的审美形态，通过与建筑空间结合、与环境景观空间融合的方式，在装饰美化环境、陶冶人性情操、慰藉人类心灵等方面具有不可磨灭的功绩。

2.3 实用与经济的功用

古代的许多景观雕塑作品，不管是为了宗教祭祀或者宗教信仰，还是为了纪念逝者、记录颂扬功德，到了今天基本上已经都弱化了原有的功用性质，而演化成更为纯粹的装饰观赏类的，或优美或雄伟的立体艺术景观。随着旅游产业的开发与发展，景观雕塑作为人类文明发展历程的立体艺术丰碑，以其深厚的文化积淀和壮丽的空间艺术魅力，吸引着世界各地蜂拥而至的旅客，带动了人类文明发展新时期文化艺术产业传播的演进。另一方面，在景观雕塑自身造型的发展中演变出具有空间实用功能的作品，这种功能的发展，体现在内部空间结构的变化上，雕塑的空间被打开或者穿透并进行重新设计，使得观者可以参与甚至进入其中去体验作品的空间。例如：结合公共环境中具有实用功能的物品的形态进行造型的景观雕塑；拥有景观雕塑外形形态而具有内部建筑结构实用功能的建筑性雕塑等。这些作品深化了与其周围空间景致的紧密契合，也推进了人类与雕塑作品艺术空间的互动与交流，体现了新时代的艺术精神。

第二章
景观雕塑起源与发展

第一节　起源与早期的发展

1. 原始发展

在西方艺术史中景观雕塑的名称为 landscape sculpture，其前缀的修饰词 landscape 从字面可直译理解为大地风景，因而我们可以将景观雕塑理解为与地表直接产生关系的三维立体艺术风景。"景观雕塑"这个题法概念是近现代文明的产物，而作为一种具有审美特质的人工地表景色中的空间立体作品，就其雕塑本体艺术形态而言，在雕塑史发展的早期便已出现。其以陵园雕塑、宗教神像、帝王功碑、名人纪念像以及结合在建筑中的建筑装饰雕塑的形式出现。这些作品存在于人类生活的空间和环境中，与周围的空间景致、自然环境整体有机地结合在一起，既是视觉审美过程的对象，又是人类记录自己在大地的活动印记，是人类表达理想、承载希望的物质载体。

景观雕塑可以看作是人类文明发展中人类公共文化发展的立体视觉艺术影像，它的发展呈现了人类对自己精神世界的艺术表达及对环境的装饰改造。人类发展的早期，便开始了有意识的征服、改造自然，人为主观地建造、装饰生存居所以及景观环境，

同时留下了富有艺术性的立体景观印记。起初的景观雕塑作品创作的冲动与初衷大都源自对神灵、自然万物的神圣膜拜以及对已故之人的祭奠与缅怀。宗教信仰是所有文明赖以生存和发展的不可或缺的动力，在科技统治全球之前，信仰是人类最崇高的激情，而艺术恰好是表达激情、传递激情、宣泄激情最合适的方式，正是这种原始的激情，对死后世界的畏惧与死者的崇敬，以及对有生世界中未知物的探索、热望与迷信产生了人类早期的艺术，产生了为这些宗旨服务的景观雕塑作品。

人类最早的雕塑艺术不是为自然创造，而是为自己创造的。人类早期的雕塑表现了人类自我意识的觉醒，这种觉醒过程表现为不断从自然中分离的过程，体现出对于生命的尊重、崇拜和敬仰。中外早期的原始雕塑都可以说明这一点。

这个时期的雕塑存在于山野等自然中的祭祀场所，由于人类和自然还没有完全分离，所以这个时期的雕塑艺术和大自然有着天然的联系。

建造于公元前 4000 年—前 2000 年的索尔兹伯里石环（图 2-1-1），位于英国伦敦西南 100 多千米的索尔兹伯平原上，又名"巨石阵"，占地约 11 公顷，由许多重约达 50 吨的蓝砂岩块组成。几十块

巨大的石柱组排列成几个完整的同心圆，最高的石柱高达 10 米，立柱间还横架有巨石，石阵的外围筑有直径约 90 米的环形土沟与山岗，内侧紧挨着 56 个圆形土坑。强烈的环形向心性，以及层层设置排列的巨大凹凸起伏空间，使巨石阵至今笼罩着揭不开的神秘面纱，留给后人无数的猜想与推测。有认为它是祭祀场所、家族墓地，也有推测为天文观测台的。单纯的造型、粗犷的线条筑成了空旷平原中的雄伟景象，解不开的神秘，几千年的冥冥矗立，令观者心生无限敬仰与感慨。

图 2-1-1　索尔兹伯里石环

　　南太平洋的"复活节"岛上，背海伫立着一群约莫 700 多座的巨大人头石像（图 2-1-2、图 2-1-3），它们约产生于公元 4 世纪，一般高 4—5 米，重 4—5 吨，有的高七八米，最大的高达 20 米，重 80 吨，这些巨石像据说是那些于公元 1 世纪登上岛的拉帕努伊人为荣耀各自的世系而雕造的。雕像的意义类似于保护神，几个不同氏族的拉帕努伊人竞相攀比石像的数量与体量，为了建造石像砍光了森林，最终导致了自我毁灭。它们是拉帕努伊人表达自我意识、民族精神的物质载体。如今，只剩这些静默伟岸的巨大石像，它们背对着太平洋，聆听

着潮汐涨落，静立在风中恒久地凝望守护着岛屿。海风中依稀吟唱的荣耀与神圣，让人遥想当年竖立石像时的繁荣与喧闹。

图 2-1-2　"复活节"岛石像

图 2-1-3　"复活节"岛石像

　　耸立在非洲沙漠的埃及金字塔（图 2-1-4）承载着埃及人对灵魂永生不死的信念，明晰、挺拔地散落在荒凉沙漠的烈焰下，禁锢着、守护着埃及法老的亡灵。方锥形的造型仿佛聚光器般将阳光从顶部的尖端接受并铺洒向整个巨石堆砌成的方锥体，仿佛太阳神的安抚与庇护，日日慰藉着居住在锥形体深处的孤寂亡灵，度过悠悠的 5000 流年。埃及共发现 96 座金字塔，最大的吉萨金字塔群中的胡夫金字塔高达 146.5 米，底边长 230 多米，用 30 万块约重 2.5 吨重的巨大的石头砌成。在一旁的胡夫之子哈弗拉的金字塔陵墓前卧立着以哈弗拉脸部为原型的狮身人面巨型雕像（图 2-1-5），高 22 米，长 57 米。此作品除了狮爪外，全部由一整块天然的岩石

雕成，头部微抬，双目远眺前方，狮身呈趴卧姿态，雄健而伟岸，王者气宇尽显。在这漫漫历史进程中，恒卧于天地交融的漠漠荒野，注视着王国子孙的传承与延续。

图 2-1-4 金字塔

图 2-1-5 狮身人面巨型雕像

和埃及的金字塔作为保护死者躯体并为亡灵提供住所不同，中国人为皇室、伟人建造陵墓更多的是缅怀、歌颂死者，并且相信人死后会去到另一个世界延续与生前差不多的生活。公元前 117 年，中国西汉年间镇守边关带兵征伐外族侵扰的名将霍去病英年早逝，为了纪念其显赫战功，世人为其建造的墓冢大而壮观，形如祁连山脉，并在其墓碑周围的树林草丛中创作安置了数量众多的大型石雕作品。留存下来的有象、牛、马、猪、虎、羊、人熊斗、怪兽石羊、马踏匈奴等 16 件作品，这些石雕作品采用了"应势造型"的手法，根据石头原始的自然形

态进行艺术加工，同时结合了圆雕、浮雕、线刻的手法进行表现，呈现出了古拙却又传神，浑整而又生动的形态，很好地保留并融合了天然与人工的元素。雕塑散落在陵园高低起伏的各处，时隐时现，与墓冢的地貌环境浑然一体，使得墓园生动丰富又自然流畅，和谐统一在一个沉稳又雄浑的整体气场中（图 2-1-6 至图 2-1-9）。

图 2-1-6 霍去病墓石雕 1

图 2-1-7 霍去病墓石雕 2

图 2-1-8 霍去病墓石雕 3

图 2-1-9　霍去病墓石雕 4

2. 早期的发展

　　走过原始时期，接下来的岁月中神祇成为雕塑艺术的主要表现对象。人类历史上，不同民族的雕塑艺术的黄金时代，几乎都是在神学的时代。人们在宗教题材的雕塑中，间接地表现了对自身的认识。人们在对神的膜拜和礼赞中，借助神的力量提升自己。这个时期雕塑的放置位置走向了人工构筑的场所，走向了建筑空间。雕塑的场所在广场、神殿、教堂、石窟、庙宇。

　　人们不断地为自己的居住而建造住所，为信仰建造会所，在这些建筑体上进行艺术装饰与美化变得越来越重要。人们需要借助这些每天身处其中的环境来承载他们的情感象征、他们的信仰追求，来满足他们的感官愉悦。因而将雕塑作品设计结合到建筑的构造中满足了他们对空间装饰的要求。例如公元前 250 年迈锡尼卫城城墙上的"狮子门"（图2-1-10），两只狮子雄健地抬起上身，以前爪踏立祭坛两侧的姿态嵌饰在门楣处，狮子与它们中间的石柱祭坛造型实质是一整块完整的三角巨石，其稳固地镶嵌在围城城门上方的石墙中，雄伟又神圣地挺立了 3000 多年。又如建造于约公元前 420 年的雅典卫城中厄瑞克特翁神殿的六根女柱像（图2-1-11），温婉流畅的女人体以柱体的造型完美地立于

神殿的天顶与地面之间，使得殿堂优美而富有生气。立像柱单腿重心站立，另一条腿放松弯曲，衣褶丰富而厚实垂坠，姿态优雅宁静，这是雕塑与建筑功用美妙契合的经典之作。她们立于神庙南侧至今，已成为整个雅典卫城中一道独特的景致。

图 2-1-10　迈锡尼卫城"狮子门"

图 2-1-11　厄瑞克特翁神殿六根女柱像

　　古希腊之后的罗马人，崇尚军事武力，乐于征战他族扩张领土，为了讴歌统治者的丰功伟绩，在雕塑与建筑结合的造型艺术形式上，他们开创了一些富有影响的新类型：记功柱、凯旋门、骑马人像。这些屹立在城市开阔空间中的雕塑作品，或与建筑形态相结合，或以独立单纯的雕塑语言形式存在。但总体而言它们几乎剔除了建筑功用性而独立地呈现给观者一个整体的艺术形态，它们是罗马城关于文明历史发展的立体形象的记录。

　　公元 110—113 年创作的图拉真记功柱（图

2-1-12 至图 2-1-14），位立于罗马图拉真广场，高约 43 米，作品整体形态以一个高耸入云的圆柱形式呈现，柱顶是古罗马皇帝图拉真的雕像，柱身盘旋装饰的浮雕长达 200 米。浮雕内容采用了连续性叙事法表现了图拉真远征达基亚人战争中的全部战役，刻画表现了 2500 多个人物形象，以宏伟巨大的篇幅来纪念战争炫耀战功。其表现准确、具体的细节和清晰、完整的叙事内容，向后人展现了战役的宏大壮观。

图 2-1-13　图拉真记功柱 2

图 2-1-14　图拉真记功柱 3

凯旋门——罗马时期产生的纪念战争胜利的另一种典型的建筑式景观雕塑作品。此类作品通常建在城市的主要街道中央或者广场上，以石头砌成，形似门楼，一般有一个或三个拱券门洞，门体上装饰满了宣扬战功的浮雕作品。罗马时代建造了多座类似的凯旋门用来纪念帝王战功，如：提图斯凯旋门、图拉真凯旋门、君士坦丁凯旋门等。现存较完整的君士坦丁凯旋门（图 2-1-15），设有三个拱券门洞，门体高大挺拔，整体形态气势恢宏，墙身装饰浮雕饱满丰富。凯旋门艺术模式沿用至今，作品众多，值得一提的是近现代凯旋门——巴黎星形

图 2-1-12　图拉真记功柱 1

广场凯旋门（图 2-1-16 至图 2-1-17）。它 1836 年建成，为纪念 1805 年 12 月 2 日拿破仑在奥斯特利茨战役中打败奥俄联军而建造。其高达 49.54 米，宽 44.82 米，厚 22.21 米，中心拱门宽 14.6 米，整体体积庞大，是欧洲现存最大的凯旋门。门楼外墙刻有 1792—1815 年的法国战史浮雕，正面装饰有《马赛曲》《胜利》《抵抗》《和平》（图 2-1-18 至图 2-1-21）四幅大型高浮雕作品。其中之最非《马赛曲》莫属，其整组人物的组合与充满激昂的革命热情姿态相互呼应，号手吹响进军号，志愿军勇士们手持盾牌宝剑、肩背弓箭，昂首跨步，强壮的身体中蕴含着蓄势待发的力量，围绕在自由女神的指引下齐头向着革命战场奋勇前进。整组群雕显示出一种剑拔弩张的声势，成为象征法国人民民主思想的纪念碑。

图 2-1-17　巴黎凯旋门 2

图 2-1-18　巴黎凯旋门浮雕《马赛曲》

图 2-1-15　君士坦丁凯旋门

图 2-1-16　巴黎凯旋门 1

图 2-1-19　巴黎凯旋门浮雕《胜利》

图 2-1-20　巴黎凯旋门浮雕《抵抗》

图 2-1-21　巴黎凯旋门浮雕《和平》

强烈地感受到那"君临天下"的王者气宇。这种样式后来在欧洲伟人造像的创作设计中受到了大力推广与沿用。

罗马帝国之后的欧洲经历了中世纪的黑暗，文化生活遭到禁锢，雕塑也造型僵硬，样式单一，千篇一律。

图 2-1-22　马可·奥勒留骑马像 1

图 2-1-23　马可·奥勒留骑马像 2

图 2-1-24　马可·奥勒留骑马像 3

骑马人像——罗马时期形成的纪念性人物肖像构图的形式。如：马可·奥勒留骑马像（图 2-1-22 至图 2-1-24），造于公元 161—180 年，青铜材质，高 350 厘米，放置在罗马的坎皮多利奥广场。罗马帝王之一的马可·奥勒留被塑造成一个骑在马上，左手握缰，右手向视线下方挥手的形象。马的高大雄健更强烈地衬托出帝王的英雄气概，这种骑在战马上的帝王造像是古罗马颂扬帝王的肖像雕塑在艺术语言样式的一个贡献。骑马人像一般都放置在具有一定高度的基座上，周围的空间宽阔平整，使雕像人物的视野辽远广阔，让观者在仰望他时更

第二节　中期的演变与发展

随着人类文明的发展，世界各部分在一定时期的早期发展后，先后进入了全面的宗教时期——亚洲佛教文化的发展，欧洲基督教漫长的中世纪。所有的艺术形式，包括雕塑艺术也以不同的内容、不同的形态呈现宗教艺术景观。

中国的发展

亚洲的佛教艺术起源于约公元前 6 世纪中叶印度，并在几百年后随佛教的传播传遍亚洲各国。中国的四大佛教石窟以及摩崖石刻是我国佛教艺术发展的典型范例。神秘瑰丽的敦煌石雕，精美温婉的麦积山泥塑，雄浑大气的云冈石刻，俊秀清逸的龙门石雕，还有融中原风貌与西南异域风情于一体的大足石刻。石窟的开凿是一个延续性的工程，每个朝代它们都会得到新的补充和发展，因而它们各自整体性地呈现了不同的地域风貌，而每一处石窟群又都累积包含了不同时代的艺术历史的气质，它们向我们横纵双向、立体地展示了宗教景观艺术的发展。

石窟是凿建于河畔山崖间，供僧侣和信徒礼拜修行的佛教寺庙，也叫石窟寺，洞窟密集的又叫"千佛洞"。云冈石窟是佛教传入中国后第一次由国家主持的大规模石窟，其位于山西大同武州山南麓，开凿于北魏年间，现存大窟 45 个，窟龛 252 个，造像 51000 多尊。"昙曜五窟"即现在的第 16—20 窟，是最早的第一期窟洞，也是云冈石窟最引人注目的部分之一，雕刻的五尊大像分别以道武、明元、太武、景穆、文成五位皇帝为楷模。五窟中的本尊造像皆高达 13 米以上，身形魁伟，在窟中顶天立地占满了空间，给人压倒一切的气势感。第 20 窟的露天释迦坐像（图 2-2-1），高 13.75 米，高鼻深目、方圆脸、大耳垂肩、两肩宽平、长臂大手、体型宽阔平坦，气势雄厚，是云冈石窟的代表作。云冈石窟整体造像风貌雄健挺拔，浑厚朴实，是在我国本土的传统雕塑艺术造型基础上，汲取并融合了印度犍陀罗和波斯艺术的精华。

图 2-2-1　露天释迦坐像

开凿于唐代的摩崖石刻——乐山大佛（图 2-2-2），是我国境内乃至全世界范围内最大的石刻弥勒佛坐像，位于四川乐山岷江、青衣江、大渡河汇流处的岩壁上，依岷江南岸凌云山栖霞峰临江峭壁凿造而成，又名凌云大佛。通高 71 米，历时 90 年开凿完工，其一脚面即围坐百人以上，佛头与山齐高，足踏大江，双手抚膝，正襟危坐，神情肃穆。在大佛左右两侧沿江崖壁上，还伴有两尊身高 10 余米、手持戈戟、身着战袍的护法武士石刻，以及数百龛上千尊石刻造像，形成了一个整体庞大的佛教石刻群。在造型设计的同时，大佛的螺髻、两耳、头颅、衣褶、胸臂设有非常巧妙的排水系统，身体背侧多处开凿了左右贯通的洞穴，这些奇妙的水沟和洞穴，组成了科学的排水、隔湿和通风系统，防止侵蚀性风化，使得大佛在千年岁月的洗礼中仍保存完好。硕大的体量，恢宏的气宇，一览众山小的视界，气定神闲的态势，霍然屹立于天地山水间的未来本尊造像佛，实乃一大宗教影像奇观。

图 2-2-2　乐山大佛

图 2-2-4　石像生 2

　　中国景观雕塑的发展，从魏晋到明朝一直处于以宗教雕塑为主而陵墓雕塑为次的状况。宗教雕塑的放置场所，主要是石窟、寺庙和偶尔的一些独立于寺院佛窟的场所。而皇家陵墓外观的装饰景观雕塑的发展内容主要包括守灵神兽和守灵人物卫士，一般都为石雕，古称石像生。又称翁仲，而神兽有狮、虎、马、羊、龟、麒麟以及外来的鸵鸟、骆驼、大象等动物。如：汉代出现的守陵神兽"天禄""辟邪"以及后代演化出来的"麒麟"都实属一种神兽，身形似雄狮，身披凤羽，肩生双翼，引颈向天，挺胸跨步，威武雄健（图 2-2-3 至图 2-2-6）。唐代及后世陵墓雕塑还很多，但在封建统治的影响下都难脱旧俗，在这里不做更深入的探讨。

图 2-2-5　石像生 3

图 2-2-6　石像生 4

图 2-2-3　石像生 1

第三节　现代的现状与发展

1. 西方的发展

　　19 世纪中后期开始，艺术刮起了变革之风，20世纪进入了现代艺术时期。异质美术精神反对继承自古希腊罗马的再现性美术传统，不断的创新掀起了革新大潮，多种艺术流派与风格主义交替出现并相互交织不断演化。从整体发展来看，不同类型的雕塑作品的发展，由于人类经济、文明的持续发展及对更广阔环境的拓展性建设与掌控，使艺术性的景观装饰需求不断增加增强。雕塑作为立体空间性艺术形式，它的发展趋势势必转向更广阔的户外空间，成为艺术景观。20—21 世纪是景观雕塑的全盛时代。广场、街区、公园、港口、机场、企业、商业区、游乐园、纪念馆、体育馆等公共场所，都在热望着通过艺术形式来装点它们的环境，体现人类的文明精神、传播时代信息、愉悦日常生活。所以不管是严谨深沉的、轻松愉悦的、优美流畅的、简约质朴的、绚丽夺目的、雅致清新的，这些进入环境的景观雕塑作品，它们都同样承载着艺术家的情感并融合了环境与时代的气息，捕捉着人类的心灵视线，抚慰他们对美好的渴望。

1.1 现实主义

产生于 19 世纪 30 年代的法国、英国，强调艺术对自然的忠诚，源于"艺术乃自然的直接复现或对自然的模仿"的朴素观念，作者的创作要忠于对现实的视觉和触觉感受，作品的逼真性或与对象的酷似程度成为判断作品成功与否的准则。这一时期的典型代表雕塑家有法国的罗丹。他的许多作品放在景观环境中就是现实主义的体现，例如：《青铜时代》《思想者》《加莱义民》《巴尔扎克》等（图2-3-1 至图 2-3-5）。其与古希腊、罗马以及中世纪所表现的完美无瑕的人性和崇高的神性不一样，这些人物真实逼真，不加修饰，富有生命力。

图 2-3-1　罗丹　《青铜时代》

图 2-3-2　罗丹　《青铜时代》

图 2-3-3 罗丹 《思想者》

图 2-3-4 罗丹 《加莱义民》

图 2-3-5 罗丹 《巴尔扎克》

1.2 表现主义

表现主义是艺术家通过作品着重表现内心的情感，而忽视对表现对象形式的摹写，往往通过对现实扭曲和抽象化来表达情感，在创作方法上背弃了之前长期统治欧洲的"模仿论"或"反映论"美学，崇尚"表现论"美学，主张创作不再是描摹客观世界的过程，而是主观情感、意象幻想的表达，是出于"内在的需要"。例如：罗马尼亚人康斯坦丁·布朗库西位于巴黎蒙帕纳斯墓地为一对恋人创作设计的石雕《吻》（图 2-3-6），作者将物象概括为半抽象及抽象的形态来传达爱和生命的含义；法国人欧西普·扎德金的作品《被毁灭的鹿特丹市纪念碑》（图 2-3-7），以垮塌、机械、僵硬、冷漠的半抽象人物形态体现城市陷落的痛苦情绪；波兰女雕塑家玛格达莱娜·阿巴卡诺维奇的作品《宣泄》中充满捆绑肌理的意象化人物躯体，以无数正负形一体的形态挺立在空旷的草场，传递着对"自我本我"及周围"他物他境"的感悟（图 2-3-8）；意大利雕塑家马里诺·马里尼的"人与马"系列作品，以符号化的人物、马的形象为原型，通过人物与马之间不同的构图组合与形态变幻来传达不同的精神情绪（图 2-3-9、图 2-3-10）。

图 2-3-6 康斯坦丁·布朗库西《吻》

图 2-3-7　欧西普·扎德金
《被毁灭的鹿特丹市纪念碑》

图 2-3-8　玛格达莱娜·阿巴卡诺维奇
《宣泄》

图 2-3-9　马里诺·马里尼　"人与马"系列

图 2-3-10　马里诺·马里尼　"人与马"系列

1.3 超现实主义

开始于法国的艺术流派，受弗洛伊德精神分析影响，致力于表现人类的潜意识，放弃以逻辑、有序的经验记忆为基础的现实形象，而呈现深层的心理意识形象，将现实观念与本能、潜意识和梦的经验相融合，以"超现实""超理智"的梦境为创作源泉。其中法国艺术家让·阿尔普的圆雕作品造型是富有体量的有机形态，形似人体解剖的某个部位，富有生命力，被人们称为"类人型的抽象"，发展成为 20 世纪艺术中的重要传统，并影响了下一代的像胡安·米罗、亨利·摩尔、亚历山大·考尔德等优秀雕塑家。让·阿尔普的景观雕塑如路易斯安那博物馆外的《默东的维纳斯》（图 2-3-11）、克拉马阿尔普基金会的《郊外的圣徒》（图 2-3-12）、莱尼亚诺帕加尼美术馆户外的《牧歌的风景》（图 2-3-13）；圣保罗·德旺斯的麦格特基金会的胡安·米罗的《米罗迷宫》（图 2-3-14）；亨利·摩尔的安置在苏格兰旷野的青铜雕塑《王与后》（图 2-3-15、图 2-3-16）、巴黎联合国教科文组织总部的《依卧人像》（图 2-3-17、图 2-3-18）、纽约林肯表演艺术中心的《依卧人像》（图 2-3-19）、作品《羊》（图 2-3-20）；亚历山大·考尔

德位于密歇根州高速城范登堡中心广场的《高速》
（图2-3-21）、位于汉诺威库尔特 – 施维特斯广场
的《持戟战士》（图2-3-22）。

图 2-3-13　让·阿尔普　《牧歌的风景》

图 2-3-11　让·阿尔普　《默东的维纳斯》

图 2-3-14　胡安·米罗　《米罗的迷宫》

图 2-3-12　让·阿尔普　《郊外的圣徒》

图 2-3-15　亨利·摩尔　《王与后》

图 2-3-16　亨利·摩尔　《王与后》

图 2-3-17　亨利·摩尔　《依卧人像》

图 2-3-18　亨利·摩尔　《依卧人像》

图 2-3-19　亨利·摩尔　《依卧人像》

图 2-3-20　亨利·摩尔　《羊》

图 2-3-21　亚历山大·考尔德　《高速》

图 2-3-22　亚历山大·考尔德　《持戟战士》

1.4 极少主义

极少主义雕塑创作可以追溯到 20 世纪初俄国的构成主义，站在反艺术的立场，避开传统艺术材料，用类似于现成品的金属、玻璃、木板或者塑料块组构结合成雕塑。构成主义的艺术家认为提供愉悦经验的艺术概念必须要摒弃，应该由工业和生产的概念来取代。所以源于构成主义的极少主义景观雕塑作品，呈现了一种几何构成的抽象形态，以数学体系作为它们的组合基础，把作品减缩到基本的几何形状。减少到最后，结果是取消物质转为概念。例如美国雕塑家大卫·史密斯的作品《立方体之十二》（图2-3-23），不锈钢材质，高276厘米，放置在华盛顿赫什霍恩莫博物馆与雕塑园内，由大小长短、宽度不等的多块几何方体排列叠加而成，其钢材质的作品《摩西》（图2-3-24）、《蛇的出现》（图2-3-25）尺寸巨大，造型冷漠理性而显得纯粹，由单纯简单的几何体组合而成；墨西哥雕塑家马塞厄斯·格里茨的《五塔广场》（图2-3-26），位于墨西哥的卫星城，形态为五根长短不等，横截面为三角形的错落排列的混凝土柱子，边缘轮廓尖锐挺拔，既像高楼又像碑塔；费城宾夕法尼亚大学的巨大着色钢雕塑《契约》（图2-3-27），由亚历山大·利伯曼创作设计，构成作品的基本元素是横截面为圆形和椭圆形的中空管道，它们分几段交错穿插组合在一起。

图 2-3-24　大卫·史密斯　《摩西》

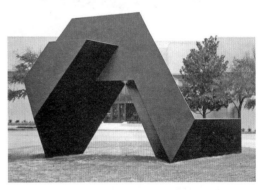

图 2-3-25　大卫·史密斯　《蛇的出现》

图 2-3-23　大卫·史密斯　《立方体之十二》

图 2-3-26　马塞厄斯·格里茨
《五塔广场》

图 2-3-27　亚历山大·利伯曼　《契约》

1.5 波普艺术

流行艺术的简称，又称新写实主义或通俗艺术，代表着一种流行文化，是在美国现代文明的影响下而产生的一种国际性艺术运动。波普艺术家认为公众创造的都市文化是现代艺术创作的绝好材料，面对商业文明的冲击，艺术家不仅要正视它，而且还要歌颂它，所以波普艺术风貌的景观雕塑作品特点是全面反映大众文化的各个领域，表现的主题集中于商业社会中日常的、大众的、流行的东西，如热狗、汉堡、罐头、可乐、路标、服装、包装盒、公众明星人物等这些十分典型又十分普遍的物象。例如典型的波普雕塑艺术家克莱斯·奥登伯格的一系列作品，其作品的原型都源自工业生产出来的日常小用品，《泥刀》《羽毛球》《夹子》《工具》《水龙头、水管》《樱桃、勺子》等作品（图 2-3-28 至图 2-3-34），形体、色彩写实逼真，而尺寸却都大到超乎寻常，造成了真实而又虚幻的意境感，震撼观者，使观者以全新的心理去感受、去体验生活中的日常小物件。

图 2-3-28　克莱斯·奥登伯格　《泥刀》

图 2-3-29　克莱斯·奥登伯格　《羽毛球》

图 2-3-30　克莱斯·奥登伯格　《夹子》

图 2-3-31 克莱斯·奥登伯格 《工具》

图 2-3-32 克莱斯·奥登伯格 《水龙头、水管》

图 2-3-33 克莱斯·奥登伯格 《水龙头、水管》

图 2-3-34 克莱斯·奥登伯格 《樱桃、勺子》

2. 中国的发展

中国整个雕塑艺术的发展历程包括景观雕塑的发展，在经历了宗教时期的发展后，到了明清随着宗教的没落以及世俗文化的兴盛，以宗教为服务目的的景观雕塑以及陵墓景观雕塑都逐渐衰败，设计建造的景观雕塑作品数量急剧下降，而且由于封建制体制的衰落、国力和文化的衰弱等综合原因致使艺术的审美趣味转向侧重于小型的、玩赏性的、世俗性的工艺性作品，缺乏宏伟大气而富有震撼力的作品的产生，导致了景观雕塑发展的萎缩。随着 19 世纪后半叶的中国陷入战争与苦难的深渊，雕塑艺术也停滞在了历史上的最低潮。

中国共产党领导的解放战争胜利后，新中国宣布成立的前一天（1949 年 9 月 30 日），中国人民政治协商会议第一次全体会议决定在北京天安门广场建造反映中国各族人民百年来反帝反封建丰功伟绩的史诗性大型纪念碑——《中国人民英雄纪念碑》（图 2-3-35），由梁思成负责主要的整体建筑设计，刘开渠负责主持装饰浮雕的设计，从而掀开了中国现代景观雕塑历史发展的新一页。至此到改革开放前夕，中国的景观雕塑为政治思想、社会运动服务，围绕着纪念革命、歌颂英雄的主题性题材进行创作，并配合新中国成立后兴建的一批建筑体：人民大会堂、北京工人体育馆、中国人民革命军事博物馆、民族文化馆等大型主题性建筑进行整体的规划和创作设计（图 2-3-36）。改革开放以后，在 20 世纪的最后 20 年中，中国的景观雕塑逐渐摆脱政治意识形态的强力束缚，产生了带有象征性、意象性甚至半抽象风貌的作品，由原来的情节性、叙事性的创作手法而向着现代艺术迈出了新一步发展。这一时期中国的各大城市，由沿海向内陆掀起了景观雕塑的创作设计的高潮，产生了一批优秀的作品（图 2-3-37 至图 2-3-40）。

图 2-3-35 《人民英雄纪念碑》

图 2-3-38 叶毓山 《雷》

图 2-3-36 《民兵》

图 2-3-39 姚永康、康家钟 《陶与瓷组雕》

图 2-3-37 潘鹤 《开荒牛》

图 2-3-40 何鄂 《黄河母亲》

到20世纪中后期以学院为媒介和发散圆点，西方的现代艺术思潮和各个艺术流派的创作理论和艺术形态进入中国，在美术界是先绘画再到雕塑，西方现代艺术思想被中国艺术家学习吸收并与中国传统艺术形式相融合，创作适合中国当代文化、社会、环境发展现状的审美作品。景观雕塑的创作设计也呈现了多种题材内容的表现和多种艺术形式风格语言并存发展的十分活跃的兴盛局面。当代的景观雕塑的创作设计主要产生了两个方向的发展：一个是我国现实主义雕塑艺术的发展延伸，在具象形态语言的基础上糅合写实主义与表现主义，或融合写实手法与写意手法，抛弃对艺术家艺术个性的束缚，更自由、更深入地发掘具象的内容形态所蕴含的情感意象（图2-3-41至图2-3-48）；一个是中国当代景观雕塑艺术的新道路，以自然、社会中的物质形态素材为原型，运用半抽象或抽象的艺术表现形式语言，去探索、研究并概括、提炼、表现空间艺术形态的秩序与美感，用更理性的、更纯粹的艺术本体形式语言的构成方式来表达更富有厚度和深度的人类情感（图2-3-49至图2-3-54）。

图2-3-42 黎明 《崛起》

图2-3-43 张德峰 《春风》

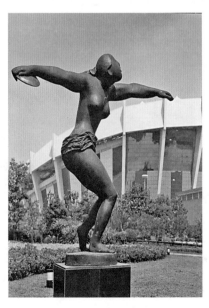

图2-3-41 奥运村雕塑

图2-3-44 梁明诚 《独生女》

图 2-3-45 杨小桦 《平衡》

图 2-3-48 朴宪烈 《好奇心》

图 2-3-46 张白涛 《琴女》

图 2-3-49 叶如璋 《猛汉斗斗》

图 2-3-47 杨剑平 《上海儿女之二》

图 2-3-50 秦璞 《裂变》

图 2-3-51 霍波洋、王洪亮、张玉尧
《和平颂》

图 2-3-52 曾成钢 《起舞》

图 2-3-53 佚名

图 2-3-54 佚名

3. 景观雕塑的国际化趋势

中国经历了自改革开放以来大规模的城市建设，城市建设的速度之快令人叹为观止，与此同时一大批"高大上"的城市景观雕塑也应时而生。随着城市的发展，城市与乡村的改造升级已成为时代的主题，城市已进入微景观时代，大型的雕塑建设也会相对减少，城市管理者们也在考虑城市及周边的环境文化升级。城市景观面向人文的诉求会越来越高。人们在物质生活提升的同时，对城市景观走向自然的渴望越发强烈，景观雕塑作品与自然和谐融洽越发显得重要。虽然中国在文化上也提倡多元化、国际化，显然在景观提升方面，许多西方国家比中国要早许多，相对也成熟许多，景观雕塑创作的理念上也自然会更进一步。与其自行摸索，不如邀请活跃于国际上的好艺术家一起参与景观雕塑的创作。于是一系列国际雕塑公园、国际雕塑创作营的雕塑策划活动在国内各个地区兴起。如：芜湖雕塑公园（图 2-3-55 至图 2-3-61）、郑州雕塑公园（图 2-3-62 至图 2-3-64）、温州黄石山雕塑公园（图 2-3-65 至图 2-3-69）等。

图 2-3-55　任世坤　《路边栽上了花》

图 2-3-58　潘松　《朴—2》

图 2-3-59　文楼　《一竿风骨》

图 2-3-56　余晨星　《天算》

图 2-3-60　郑靖　《美丽轮回》

图 2-3-57　金永元　《坐像》

图 2-3-61　向光华　《守护》

图 2-3-62　埃莉莎·科尔西尼
《白色的天使》

图 2-3-66　于小平　《朝》

图 2-3-63　胡栋民　《对语》

图 2-3-67　郭骏、李怡然　《大地提手》

图 2-3-64　任哲　《中流砥柱》

图 2-3-68　朱晨　《雁荡神秀》

图 2-3-65　阿尔贝那·米哈伊洛娃　《门》

图 2-3-69　瓦盖里斯·瑞纳斯　《船与梦》

第三章
景观雕塑从内核到外延

第一节　景观雕塑的内核

1. 城市景观雕塑

城市雕塑（urban sculpture），是立于城市公共场所中的雕塑作品。它在高楼林立、道路纵横的城市中，缓解建筑物集中带来的拥挤、迫塞、呆板和单一，有时也可在空旷的场地上起到增加平衡的作用。它主要是用于城市的装饰和美化。它的出现使城市的景观增加，丰富了城市居民的精神享受。

城市雕塑是以城市景观为平台的一种雕塑形式，它同样也具有景观属性这个前提。城市雕塑的内容是多种多样的，但在城市景观中，它无论在内容上还是形式上都具有公共景观的特点。其中作为景观的城市雕塑，它最重要的功能就是营造城市景致，营造城市的文化氛围，满足观赏和装点城市面貌的需求（图3-1-1、图3-1-2）。并且作为城市雕塑，它也必须具有雕塑的本质特征和展现形式。它的呈现状态是以雕塑为本体，其艺术语言特点，脱离了实用性而只具有作为景观欣赏特点。在此基础上我们设计制作城市雕塑还要注意主题与内容。

图 3-1-1　余积勇　《结》

图 3-1-2　伊戈尔·米托拉吉

主题和内容是所有艺术形态的必然存在，也就是我们的艺术要表达什么，用什么内容来表达，要表达的目标是主题，表达的实质由内容所组成。当然城市雕塑也需要内容和主题。这样我们才知道我们为什么而做，做的是什么。作为城市雕塑作品的本质，目的是为城市的景观服务的。那么主题和内容就必须与所要服务的城市环境相吻合和协调。城市雕塑与城市环境的协调，这种必然的联系要具有共同的价值、共同的理想、共同的文化基准和共同的认识。城市景观雕塑是受到公共环境因素制约的。它所处的位置是公共环境的空间，是受到公众的审视和质疑的。它处在一个群体意识的文化背景和价值观当中。所以它要有一定的包含性和宽容度（图3-1-3至图3-1-7）。

图 3-1-3 佚名

图 3-1-4 佚名

图 3-1-5 让·迪比费作品

图 3-1-6 爱尔兰饥荒纪念碑

图 3-1-7 朱铭 《太极》

2. 园林景观雕塑

园林雕塑的历史悠久。在西方文艺复兴时期，雕塑已成为意大利园林的重要组成部分。园中雕塑或结合园林风水，或装饰台层，甚至建立了以展览雕塑为主的"花园博物馆""雕塑公园"。园林雕塑在欧美各国园林里至今仍占重要地位（图 3-1-8）。在中国古代的苏州园林文化石（太湖石）也可以说是发挥了雕塑景观的人文功能，园林中植入景观雕塑则给了园林以灵魂和焦点（图 3-1-9）。目前很多城市仍然在建造自己的园林雕塑，使之更美观并有文化气息，城市里的主题公园，让创意元素融入城市园林绿化，让城市的绿化有更多的"文化气息"和"地方文化元素"。

空间进行营造，建成后往往成为现代都市人逃逸城市喧闹的文化休闲场所。公园的主题就是以雕塑展示为主要的景观看点，内容多，文化气氛浓郁，里面倾注了大量的雕塑家的智慧与艺术创造力。雕塑公园的理念越来越为城市公共空间所接纳，现在世界各地，特别是在中国，雕塑公园的园林形式蓬勃发展，也促进了景观雕塑发展空间的扩大。还有一些的主题雕塑公园也在兴起：挪威奥斯陆雕塑公园（图 3-1-10 至图 3-1-15）、中国桂林愚自乐园（图 3-1-16 至图 3-1-19）、北京国际雕塑公园（图 3-1-20 至图 3-1-22）、长春雕塑公园（图 3-1-23 至图 3-1-27）、芜湖雕塑公园（图 3-1-28 至图 3-1-32）等都是很有影响力的雕塑公园。

图 3-1-8　古斯塔夫·维格兰　《愤怒的父亲》

图 3-1-9　展望作品

图 3-1-10　古斯塔夫·维格兰作品

图 3-1-11　古斯塔夫·维格兰作品

园林雕塑的最集中的形式就是雕塑公园，雕塑公园一般都会远离城市的喧闹，在相对广阔的自然

图 3-1-12 古斯塔夫·维格兰作品

图 3-1-16 萧立 《嬗变——转化之夜》

图 3-1-13 古斯塔夫·维格兰作品

图 3-1-17 吉隆·西蒙 《雨在我身边哭泣》

图 3-1-14 古斯塔夫·维格兰作品

图 3-1-18 佚名

图 3-1-15 古斯塔夫·维格兰作品

图 3-1-19 佚名

图 3-1-20　王少军　《蘑菇》

图 3-1-21　许庾岭　《鲸之泉》

图 3-1-22　田世信　《乡音》

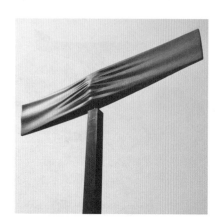

图 3-1-23　科特·什瓦格　《梦》

图 3-1-24　斯考特·万佰乐
《丢风筝的女孩》

图 3-1-25　《万家灯火》

图 3-1-26　武玉成　《乡韵》

图 3-1-27 《神秘》

图 3-1-28 施丹 《故乡的云》

图 3-1-29 徐戈 《岁月留声》

图 3-1-30 董明光 《涟》

图 3-1-31 布鲁斯·比利斯 《结》

图 3-1-32 迪娜·莫哈维 《天堂和声》

第二节 景观雕塑的外延

1. 公共艺术

公共艺术是城市的思想，是一种当代文化的形态。简而言之，公共艺术指的是由艺术家为某个既定的特殊公共空间所创作的作品或者设计。公共艺术是不可复制的，它能够增加公共空间的活力。它给了城市一笔精神的财富，在积极的意义上表达了当地身份特征与文化价值观；它亦体现着市民们对自己城市的认同感与自豪感，因此也成为艺术与文化教育中必不可少的环节，它提高了城市生活的品质，同时也是潜移默化的艺术教育。拥有良好公共艺术的城市,才是一座能够思考和感觉的城市。公共艺术可以成为一个城市的代言人,能体现一个城市的精神,体现居民的文化诉求,体现一个城市的气质和性格。当然,公共艺术的存在意义能够更多,它能够通过改变所在地点的景观,突出某些特质来唤起人们对相关问题的思考与认识,表达社区或城市的历史与价值。在这个意义上来说,公共艺术具有一种强大的力量,它改变了城市的面貌,能够长时间地影响着公众的精神状态与对周遭世界的认知;它也会成为城市身份的标识,在塑造城市的独特性格方面发挥极其重要的作用。

公共艺术是一个很大的概念,其中包括了公共雕塑部分,雕塑可以说是较早进入公共艺术领域。因为它是放在城市公共空间里面,跟公众发生关系的一种艺术。当代各种主题、各种材质形式与各种商业空间、各种文化空间、各种自然空间、各种地域文化交织在一起,形成世界各地的独特的公共雕塑艺术(图 3-2-1 至图 3-2-3)。一个在动物园门口广场的一件公共艺术作品,乍一看是一堆乱石,但置身于其中的时候会看到许多的已风化近似化石的动物骸骨。当孩子们在石头上玩耍的时候就会发现它,不禁让人产生对动物的珍惜与对自然生态的反思。这是一件与环境结合得很到位的公共艺术作品(图 3-2-4、图 3-2-5)。

图 3-2-2 爱德华多·齐利达 《风之梳》

图 3-2-3 贾维克 《华夏龙脉局部》

图 3-2-4 佚名

图 3-2-1 墨尔本公共雕塑

图 3-2-5 佚名

公共艺术作为以城市为出发点的艺术形态，每一件公共艺术作品的产生都会是市政部门与公共艺术家的交集所在。其中不乏有些城市在这方面成立公共艺术百分比立法，以确保公共艺术在城市建设中的地位和城市文化景观的品位。

公共艺术的对象包括了公共景观（图3-2-6至图3-2-8）、公共建筑（图3-2-9、图3-2-10）、公共园林（图3-2-11、图3-2-12）、公共设施（图3-2-13）等，这其中可以说或多或少都要借助空间造型语言的表达和体验。

图 3-2-8 刘铧 《微观世界》

图 3-2-6 隋建国 《盲人肖像》

图 3-2-9 毕尔巴鄂 古根海姆博物馆

图 3-2-10 量子博物馆

图 3-2-7 野口勇 《红立方》

图 3-2-11 华盛顿国家广场赫什霍恩博物馆雕塑公园

图 3-2-12　李秀勤　《生命之舟》

图 3-2-13　格里·犹大为古德伍德速度节设计的雕塑

　　公共艺术充斥在城市生活的各个场所，如公共
生活广场、居民生活的街区、商业购物的闹市、休
闲娱乐的园林等。有塑造城市形象的（图 3-2-14、
图 3-2-15），有体现市民生活文化的（图 3-2-
16），有保存历史文化遗迹的（图 3-2-17），还
有在原文化历史景观基础上修缮和振新的（图 3-2-
18）。多重的文化立场和文化态度都在公共艺术的
领域里得到彰显。

图 3-2-15　凯撒·巴达奇尼　《大拇指》

图 3-2-16　向京　《丁玲》

图 3-2-14　黄震　《五月的风》

图 3-2-17　良渚文化村

图 3-2-18 莫高窟

2. 大地艺术

大地艺术使用大地做材料，在大地上创造，它是景观艺术作品中的"巨无霸"。创作者们普遍使用大地材料，如泥土、岩石、石、风、沙、水、火山的堆积物等。或者艺术家们全力以赴地创造"新大地"。客观上讲大地艺术可以说是景观艺术的"反叛者"，首先它体积巨大，它往往远离大多数观众人群，只能小部分人乘坐特殊的交通工具才能观其全貌。另外大地艺术往往以改变自然形态的方式出现，目的是为了引发人们的兴趣，往往每个都具有强大的震撼力。大地艺术具有以下两个基本特征：

利用大地材料创造大地艺术。大地材料是指大地上孕育出来的物体，包括静态和动态两种，静态材料可以利用岩石、泥土、沙、树木、火山堆积物等。动态材料可以是气体或液体，如蒸汽、流水、风等，其中还包括一些自然现象如雷电、星移斗转、地球运转、光影的变换、季节的更替、时间的流逝、动植物的腐败及物质的风化瓦解，这些都可成为大地艺术家手中的材料，大地艺术是环保的艺术。英国大地艺术家安迪·哥顿斯沃斯经常走进山林利用自然界原有的材料树棍、枝条、树叶、山石等作为创作的材料制作出清新自然的大地艺术作品（图 3-2-19、图 3-2-20）。罗伯特·史密森的《螺旋形防波

堤》也是著名的大地艺术作品，在高空看是一件能随着潮汐而变化形态的大地艺术景观（图 3-2-21、图 3-2-22）。

图 3-2-19 安迪·哥顿斯沃斯作品

图 3-2-20 安迪·哥顿斯沃斯作品

图 3-2-21 罗伯特·史密森 《螺旋形的山丘》

图 3-2-22　罗伯特·史密森　《螺旋形的防波堤》

图 3-2-23　洪世清　《鱼》

图 3-2-24　洪世清　《产蛋的玳瑁》

图 3-2-25　洪世清　《鱼》

图 3-2-26　洪世清　《龟》

大地艺术是在大地上创造的，天空、土地、阳光和风是不可或缺的部分。因为暴露在自然环境中，当然会受到自然环境的介入，自然环境的介入被认为是作品的合理部分，因为是在大地上制作与完成，并有大地的参与，所以在展示的过程中有不可移动的特点。大地艺术在完成的时候，作品必须让观众感觉到它是与大地有关的艺术作品。探讨人与大地的关系，大地自身的处境与状况，人对大地自然的改观等，大地艺术不具有点缀美化环境的作用，也不具有使用功能，许多大地艺术家只是想通过作品昭示大地自身的存在，而不是人的存在。所以从某种意义上它和环境景观艺术有一定的区别。但不可否认它的出发点不是制造景观和点缀环境，但事实上却造就了景观的存在。洪世清的岩雕作品"三分之一取自天然神态，三分之一靠人工雕饰，三分之一让岁月与风雨创造"。洪世清终生未娶，是以大地为情人的艺术家。他将所有的才情献给了自己钟爱的艺术创作，其代表作崇武岩雕中的乌龟、鱼、虾等活灵活现，随潮起潮落而神态各异，是国内杰出的大地艺术家。他的《崇武岩雕》汇集了 150 件岩雕作品，形成了一片不朽的大地艺术景观（图 3-2-23 至图 3-2-26）。

第四章
景观雕塑的艺术语言

　　学习和了解景观雕塑的方式很多，可以从美学、历史、流派、个人作品等不同的方面着手。但作为专业的雕塑者而言就必须从雕塑的基本特征入手——雕塑之所以为雕塑而区别于其他造型门类的特点。这也就是雕塑的语言，雕塑的本体语言。它是构成雕塑形态的必备要素，也是作品产生视觉情感、意义和作者与观者之间的视觉冲突的关键。如果没有这样的艺术语言的存在，则无法体现雕塑的艺术魅力所在。作为雕塑的重要成员景观雕塑当然也应具有雕塑的艺术语言特点。艺术语言当然不是艺术品的全部特征，它是艺术品的结构和支撑。当然雕塑艺术语言的特点也在不断地前进和扩展，随着观念的更新，哲学、美学的进展及科技、材料的进步，景观雕塑与之结合更加紧密（图 4-1-1 至图 4-1-3）。景观雕塑语言上也不断地与时俱进。艺术的语言不是僵化的、一成不变的，在艺术发展史上不同的时期、不同的艺术家手里会出现不同的新的语汇，会创作出不同形式语言的艺术品，从而艺术语言创造性地运用显得尤为重要。

图 4-1-1　大卫·塞尼作品

图 4-1-2　大卫·塞尼作品

图 4-1-3　大卫·塞尼作品

艺术的本质就在于创新。要问艺术史中哪些作品能载入史册，那就是与以前的艺术有所不同的艺术作品。天才艺术家，创造发现崭新的艺术形式语言打动震撼我们的感官世界。作为视觉语言艺术，内容多为可读解的同时，也是可授予和可接受的，而艺术品的形式语言特点却是艺术家所独有的。在内容和题材及情感上的表现上也许会是有限的，但艺术作品的形式语言却是千变万化，有着无穷无尽的探索空间，如不同时代的艺术家对头像的不同艺术诠释（图 4-1-4、图 4-1-5）。一件优秀的作品，它在内容、题材、情感的表达上一定要有突破和创新，语言的变化和突破才是作为视觉艺术的真正突破，才能给人以不同的感受。历史上有许多的画家绘制过圣经故事《最后的晚餐》，但唯独达·芬奇的《最后的晚餐》为世人称道，达·芬奇正是在形式和构图中取胜，再加上画家卓越的绘画技巧，才是这一巨作闻名于世。

图 4-1-4　内姆鲁特山国家公园　安提俄克斯一世头像

图 4-1-5　托尼·克拉格　《弯曲的思想》

第一节　形体

形体是形状（形态）与体积，是雕塑语言中最基本、最重要的语言，雕塑家用形状中的方、圆、锥、尖、钝、凹、凸、点线面等各种形状要素任意地相加和组合。使其产生单纯或丰富的形体。体积是形的量化，各种的组合产生空间量的不同变化。

形体不光是雕塑语言的基本语言，也是一切造型艺术的最基本的语言。如绘画、建筑等。自绘画和雕塑出现以来雕塑和绘画从来就没有分开过，要分出雕塑和绘画谁出现的早于谁已经没有意义。雕塑和绘画一直就在相互影响和推进，特别是进入 20 世纪以后，以毕加索为代表的立体派出现后，雕塑流派的形成与绘画之间的探索也是越来越紧密。立体派画家受到塞尚"用圆柱体、球体、圆锥体来处理自然"的思想启示，试图在画中创造出结构美。他们努力地消减作品中的描述和表现成分，组织一种几何化趋势的画面结构。他们的作品依然还具有一种具象的成分，但与传统再现写实大相径庭。画家通过解构和重组客观的绘画对象，以追求形式的排列组合所产生的美感（图 4-1-6 至图 4-1-10）。

它否定了从一个视点观察事物和表现事物的传统方法，把三度空间的画面归结成平面的、两度空间的画面。明暗、光线、空气、氛围表现的趣味让位于由直线、曲线所构成的轮廓、块面堆积与交错的趣味和情调。不从一个视点看事物，把从不同的视点所观察和理解的，形诸画面，从而表现出时间的持续性。这样做，显然不主要依靠视觉经验和感性作认识，而主要依靠理性、观念和思维。它让造型艺术的形式语言的空间更加广阔，也为未来的造型艺术形式语言的无限丰富和更多的可能性找到了一把开启大门的钥匙。立体派在艺术形式上的探索，对现代雕塑艺术这种注重形式美的艺术领域产生了深远的影响（图4-1-11至图4-1-13）。

图4-1-8 乔治·布拉克 《小提琴及水罐》

图4-1-6 胡安·格里斯 《桌子上的梨和葡萄》

图4-1-9 毕加索 《亚威农少女》

图4-1-7 毕加索 《在扶椅中的女人》

图4-1-10 毕加索 《装饰她头发的女人》

图 4-1-11　毕加索作品

图 4-1-12　毕加索作品

图 4-1-13　毕加索作品

　　雕塑的形体和绘画的形体既有联系又有区别，但它们是可以互相转化的。从感官体验上讲，绘画的形体是视错觉体验，而雕塑的形体是真实可触的。失明的人无法欣赏美轮美奂的绘画作品，但他可以通过手和身体的触感去感知雕塑形体的存在，它的起伏、高低、尖钝、滑糙（图 4-1-14、图 4-1-15）。雕塑的形体语言在雕塑自身的发展中也在不断地变化和发展。从原始的稚拙到古典的写实（再现写实）再到变形，后又从具象中发展出抽象雕塑。其中抽象雕塑也越来越成为景观雕塑偏爱的一种形式。它也在景观环境中越来越体现自然和谐的优势。20 世纪以来现代流派的艺术家如毕加索、亨利·马蒂斯、布朗库西在雕塑形体空间的抽象性开创上做出了很大的贡献（图 4-1-16 至图 4-1-20）。其中康斯坦丁·布朗库西堪称抽象雕塑的开创者，虽说他自己却从来不承认自己是一位"抽象雕塑家"。他的雕塑完全变得不以模仿客观对象为目标，要表达的只是雕塑自身（图 4-1-21 至图 4-1-23）。但抽象和具象之间并没有一个非常确定的界限，往往是具象中有抽象的影子，抽象中有具象的因素。具象和抽象之间也没有高低之分。景观雕塑在运用抽象或具象的形式时，不同的时代、不同的环境、不同的文化背景中会体现不同的要求。虽说抽象的形式更具有现代工业气质的特征，但在波普艺术产生后，具象形态的雕塑又以新的姿态（新写实主义）出现在景观雕塑的舞台并占有一席之地（图 4-1-24 至图 4-1-28）。可见在雕塑的发展趋势上抽象与具象形态之间是在不断地变化和转换，后来还会有什么出现，我们静静地等待未来艺术家们进行更深入和积极的探索和发现。

图 4-1-14 李秀勤 《触感雕塑》

图 4-1-17 亨利·马蒂斯 《抱头的男人》

图 4-1-15 李秀勤 《呼吸的石头》

图 4-1-18 毕加索 《牛》

图 4-1-16 亨利·马蒂斯 《女人体》

图 4-1-19 毕加索 《西尔维塔像》

图 4-1-20　毕加索　《六个魅力泳客》

图 4-1-21　康斯坦丁·布朗库西　《沉睡的缪斯》

图 4-1-22　康斯坦丁·布朗库西
《波嘉尼小姐》

图 4-1-23　康斯坦丁·布朗库西　《沉默的石桌》

图 4-1-24　克莱斯·奥登伯格　《印章》

图 4-1-25　克莱斯·奥登伯格　《平衡工具组合》

图 4-1-26　克莱斯·奥登伯格　《纸条瓶》

图 4-1-27　克莱斯·奥登伯格　《花园水管》

图 4-1-28　克莱斯·奥登伯格　《沿履带上升的口红》

第二节　空间

雕塑的空间是指一个点到另一个点的距离。雕塑家在制造形体时，不论是有意识还是无意识，雕塑上都会产生空间。雕塑的形的处理的结果就是空间的产生。现代雕塑对形体的空间越发重视，当雕塑从再现写实中走出来以后，雕塑的空间也从有限空间变化发展到变化无穷，空间得到了极大的扩展和延伸。雕塑也从只关注自身的空间扩展到关注自身与周围空间的关系和它们之间形成的空间构成。雕塑是空间中的艺术，从雕塑空间的构成来讲可分为外展空间和内延空间，从雕塑本身的空间性质来讲分为实空间和虚空间，这些划分都有着不同的含义。通常认为雕塑的空间性分为实空间和虚空间两类（正空间和负空间）（图4-2-1、图4-2-2）。实空间指雕塑形体之间的距离，是内涵的载体。虚空间指形体之外的空透部分，体现雕塑影像的关系。

虚实空间相生，形成了雕塑，然虚实空间仅仅只是构成了形体，这都是雕塑的物理空间，唯有心理空间才真正赋予形体以灵性与智慧。

图 4-2-1　蔡增斌　《花好月圆》

图 4-2-2　董书兵　《山高人为峰》

对空间形态的认识与发展在文艺复兴时期，米开朗琪罗说："一个成功雕塑即使从山顶上滚下来也不会摔坏。"这句话反映了当时雕塑家对雕塑空间的理解。雕塑的形是封闭式、团块式的，强调人体的饱满和姿势的内敛。米开朗琪罗的雕塑作品也正是这样，表达的是结结实实的人体。正如罗丹说"古希腊的雕塑有四个面，米氏的雕塑是有两个面的"，这句话正反映了之前的雕塑空间观念（图4-2-3、图4-2-4）。从詹博洛尼亚的开始，内敛的姿势逐渐走向舒展，相对闭合的空间也开始向外延展，人体空间的处理得到了延伸（图4-2-5）。经巴洛克时期以后到19世纪，形体对空间的分割已经可大胆运用了，雕塑家已经可以尝试处理人体中复杂的空间关系。直到20世纪初罗丹及其弟子们在再现写实主义的道路上把人体空间的处理发挥到了极致（图 4-2-6 至图 4-2-10）。20 世纪以后，雕塑逐渐地脱离了再现人体为表现形式的窠臼，现代雕塑的先驱，康斯坦丁·布朗库西把雕塑的形简化成一个蛋形，使雕塑抛却了其他一切赘形，只剩下雕塑的内核，他的雕塑空间也是对空间的占有，也就是"实空间"，这种空间有一种内聚力，它是相对封闭，有稳定感的空间（图 4-2-11），艺术家们至此开始有意识地表达雕塑的空间并开始深入地探讨雕塑的空间语言。

图 4-2-5　米开朗琪罗　《抢劫萨平妇人》

图 4-2-3　米隆　《掷铁饼者》

图 4-2-6　罗丹　《达那伊德》

图 4-2-4　米开朗琪罗　《垂死的奴隶》

图 4-2-7　安东尼·布代尔
《垂死的马人》

图 4-2-8　布代尔　《射箭的赫拉克勒斯》

图 4-2-9　马约尔　《河流》

此后随着更多的现代雕塑家的出现，亨利·摩尔、贾科梅蒂等不断地对雕塑空间的探索再一次把封闭的空间打开，是封闭的凝结体向内向外进行空间的延展。摩尔早期的作品受到非洲和前哥伦布时期的美洲美术影响颇深，他喜欢四处旅行，寻找天与地和人的关系。除此之外，他也受到布朗库西、毕卡索、莫迪里亚尼以及超现实主义的非具象表现形式的影响，迈向几何抽象的造型形式（图 4-2-12 至图 4-2-14）而人体造型的演变，一直是他追求的重点。在他的表现形式里，他采取两种基本技法：一是在实体中挖出空间，以显示内在形体的扩散与空间的存在感，另一则是汇聚不同的形体，合成一件分割组合的完整作品（图 4-2-15 至图 4-2-17）。

图 4-2-12　亨利·摩尔　《面具》

图 4-2-10　马约尔　《沉思》

图 4-2-13　亨利·摩尔　《四件式构图　倾斜的人像》

图 4-2-11　康斯坦丁·布朗库西　《沉睡的缪斯》

雕塑家贾科梅蒂也有极强的空间意识。最初也是用与亨利·摩尔相近的空间表现方法。但最后他把注意力转到空间与实体力的对抗上，贾科梅蒂把人物体量消减了又消减，直至像一根火柴棒，人物空间压迫到近乎消失的地步，让人对其产生神奇的空间距离感。立于面前，既不消失也不靠近却难以逾越。在其雕塑周围制造了一个"无人之境"的心理空间，这种心理空间进一步产生一种孤独、冷漠的情感，引起人们深层次的思考。他对空间的认同在于证实空间的存在。萨特说他是利用雕塑周围的真空，创造了能与观众保持一致的距离，并且使雕塑本身生存在由他们独特的距离所构成的更为狭小的空间里。贾科梅蒂的雕塑作品，在外部观看使作品凸现的是"空间"，空间本身也成为形式。若是反观雕塑本身，删除掉一切不必要的细节，人体变得消瘦，简略成一种符号，这样的雕塑却最能够将人类的某种精神体现出来。至少，这种体现出来的精神背负着贾科梅蒂对自身内心审视的功能。他在不断地寻找真实的同时，也不断地加深对自己认识的深度。由雕塑带入艺术家的内心，从作品的表面体现出艺术家在过程中的亦步亦趋，内心的焦躁促使作品呈现不确定性的堆积。（图4-2-18至图4-2-20）。

图 4-2-14 亨利·摩尔 《长方体》

图 4-2-15 亨利·摩尔 《斜倚的人形》

图 4-2-16 亨利·摩尔 《斜倚人像》

图 4-2-17 亨利·摩尔 《三件式斜倚构图》

图 4-2-18 阿尔贝托·贾科梅蒂
《指示者》

组构结合成的雕塑，强调的是空间中的势，而不是传统雕塑着重的体积量感（图4-2-21至图4-2-24）。亚历山大·阿基本科同是立体主义的元老，他早在1911年就在巴黎开设了自己的雕塑学校。在他的作品中运用了几何结构的手法，并在人物的造型上打开透空，使"雕塑及空间所环绕的实体"这一历史性的概念颠倒过来了。《行走的女人》中雕塑的人物变成了一系列被实体的外轮廓所限定的透空形状。亚历山大·阿基本科采用立体主义原则，把拼贴技术用到雕塑上，为雕塑构成做出了新的贡献（图4-2-25、图4-2-26）。在构成主义基础上产生的极少主义在户外雕塑中有不错的表现（图4-2-27、图4-2-28）。由于极少主义创作形体单纯，空间构成自由度较大，与工业和自然景观都能相处融洽。这是景观雕塑天然的选择，它的出现天然地成为景观雕塑重要的一支。构成主义与极少主义的出现为后世雕塑打开了无限的空间（图4-2-28至图4-2-34）。其他一些流派，如大地艺术、装置艺术以及一些建筑师也参与到雕塑空间的探索。有些建筑师则以雕塑的空间形式来处理建筑空间的外观。这样雕塑的物理空间得到了极大的扩展和延伸。雕塑的外展空间不但得到了极大的扩展，雕塑的内延空间也被无极限地开启（图4-2-35至图4-2-40）。

图4-2-19 阿尔贝托·贾科梅蒂《行走的人》

图4-2-20 阿尔贝托·贾科梅蒂《行走的人》

构成主义雕塑提出了"雕塑是空间而不是体量"。构成主义艺术家瑙姆·加博在1920年说："我可以用四张平面构造出和四吨物质形成的同样的体积。"这是典型的构成主义。构成主义受立体派的影响用一块块金属、玻璃、木块、纸板或塑料

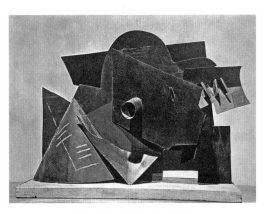

图4-2-21 瑙姆·加博作品

图 4-2-22　瑙姆·加博作品

图 4-2-25　亚历山大·阿基本科
《舞女梅德拉诺》

图 4-2-23　瑙姆·加博　《好的 2 号。》

图 4-2-26　亚历山大·阿基本科
《行走的女人》

图 4-2-24　瑙姆·加博作品

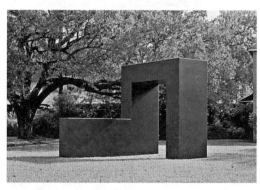

图 4-2-27　托尼·史密斯　《自由骑手》

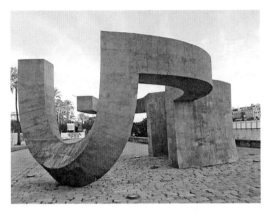

图 4-2-28　爱德华多·奇利达　《宽容纪念碑》

图 4-2-29　米格尔·伊苏作品

图 4-2-30　米格尔·伊苏　《加尼米德斯》

图 4-2-31　瓦伦蒂娜·杜萨维茨凯亚　《红色山峰》

图 4-2-32　董明光　《风起》

图 4-2-33　刘永刚　《勤》

图 4-2-34　乔迁　《远方》

图 4-2-35　克里斯托和珍妮－克劳德　《漂浮码头》

图 4-2-36　南希·霍尔特　《太阳隧道》

图 4-2-37　安东尼·戈姆雷　《北方天使》

图 4-2-38　弗兰克·盖里设计的酒店

图 4-2-39　弗兰克·盖里设计的华特·迪士尼音乐厅

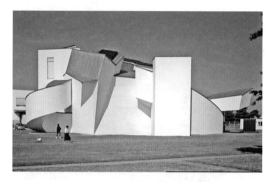

图 4-2-40　弗兰克·盖里设计的维特拉设计博物馆

第三节　肌理与材质

一、雕塑的手法肌理

雕塑的手法肌理，是对材料表面进行全面的人工组织处理。雕塑手法肌理，一方面，是手法的自然流露；另一方面，是一种有意识的组合与创造。雕塑手法肌理的表现是多种多样，因人而异，因料而异，因工艺技术而异。

1.凹陷性纹理：在软质材料上，如泥、橡皮泥、软陶、面、蜡等表面留下的指痕、手印、物痕等凹陷性纹理；在硬质材料上，如木、石、金属等表面留下的工艺制作中留下的切、削、刻、琢、磨等凹陷性纹理（图 4-3-1 至图 4-3-4）。

图 4-3-1　吴为山《昙曜》

图 4-3-2　田中　《重生》

图 4-3-3　佚名

图 4-3-4　芭芭拉·赫普沃斯　《岩石》

2.凸起性纹理：在软质材料上，以形体结构表面为依据，留下的与形体结合的点、线、面状的体块等凸起性纹理。在硬质材料上，以形体结构表面为依据，留下的与形体结合的点、线、面状的体块等凸起性纹理。雕塑的手法肌理，不仅是雕塑作品的艺术特色，还体现了一种创造性、组织性和装饰性，成为雕塑艺术语言的重要组成部分（图 4-3-5 至图 4-3-8）。

图 4-3-5　佚名

图 4-3-6　傅中望　《异物连接体》

图 4-3-7　陈文令　《中国风景》

图 4-3-8 隋建国 《地罣》

图 4-3-9 野口勇 《黑太阳》

二、景观雕塑材质

由于景观雕塑多置于户外，要求能经得起长时间的风雨侵蚀、日月晒洗、严寒酷暑的磨砺，仍能保持其艺术魅力，我们在用材上一般选择性能稳定、质地坚固的材料。最早出现的户外材质应是自然中的石材。铜出现后，铜可以用作雕塑的铸造，性能稳定又有较好的艺术效果，也成为雕塑的主要材质。工业革命后近代科技的进步，各种新兴的工业化材料，如钢、不锈钢、铝合金、钛合金、混凝土、玻璃纤维、合成材料等都被雕塑家用于雕塑创作中。各种材料、新的工艺和技术的运用也增加了雕塑的艺术表现力。雕塑家同时也致力于不同雕塑材料的加工和肌理的表现，这也大大地丰富了雕塑艺术的表现语言。

石材这种具有悠久历史的自然材质至今仍有丰富的表现力，为众多雕塑家所喜爱。不同的石质由于不同的质感和肌理要采用不同的表面处理，而获得不同的艺术效果。大理石的色泽纯净，质地细腻，经精细磨光后充分地展示润泽典雅、华贵柔美的质感。而花岗岩有着较粗的颗粒，色彩浓重的花岗岩可打凿出粗犷沉实的肌理。可以凿出雄浑朴实厚重的体块，也可以镂刻出剔透深凹的起伏（图 4-3-9）。

金属中最早用于雕塑也是最多用的莫过于铜。纯铜的质地柔软细腻（图 4-3-10），古人把纯铜加入一定比例的锡和铅，产生了热熔后有良好的流动性，冷却后有良好的硬度和韧性的青铜。青铜是良好的制作工具和武器的材料，同时也是制作雕塑的绝好材料。青铜铸造质感细腻，可以反映出形体微妙的变化，也具有很好的色泽。青铜铸造可显得苍劲有力，也可经抛光后得到明快的色泽，既可铸造结实的团块，又可浇筑通透支离的构造，保持原件的肌理和塑造的痕迹，再经过化学反应着色处理，可得丰富的色彩效果（图 4-3-11 至图 4-3-13）。铜除了能够铸造外，还可以进行锻造，把一定厚度的铜片在雕塑的印模上进行繁复的敲打直至成型，锻造也可凭经验直接敲凿成型，不过此法一般限于小型的雕塑或浮雕。通过锻造的方式可以锻造大型的雕塑，先分块锻造，再用锻造成型的铜板贴附在焊接好的钢架之上，在进行铜板之间的接焊（图 4-3-14）。当然也可以利用现有的金属材料进行拼接组合，这样会产生想不到的肌理感与材质感（图 4-3-15）。

图 4-3-10 圆明园兽首铜像

图 4-3-13 亨利·摩尔 《斜倚人像》

图 4-3-14 姜杰

图 4-3-11 冯都通 《渔舟唱晚》

图 4-3-15 赫钢 《稻草人》

铅，因为铅的熔点相当低，易于操作，也经常被用作铸造雕塑。有些雕塑家利用铅的柔软特性，把铅皮包裹在其他的硬质材料上，在免去了铸造的成本和工序的同时，也可以制造出纸被揉搓的肌理效果，铅皮柔软易服帖，可以达到细腻的效果（图4-3-16 至图 4-3-18）。

图 4-3-12 托尼·克拉格 《垂柳》

钢是 20 世纪雕塑家们喜欢的一种硬质材料。由于它是工业化时代的宠儿，与工业冷峻的气质，快速的节奏相符合，并能制作薄且大的板型雕塑，易焊接，造型方式直接，摆脱了原来金属材料雕塑需铸造的麻烦。由于它的直接性深受现代各流派，如立体派、极少主义雕塑家们的喜爱（图 4-3-19 至图 4-3-25）。

图 4-3-16　蔡志松　《沉默的武士》

图 4-3-17　蔡志松　《故国·风 1》

图 4-3-18　蔡志松　《玫瑰》

图 4-3-19　佚名

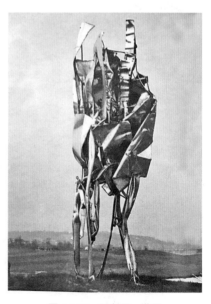

图 4-3-20　阿尔贝·费罗
海军元帅高尔夫球场雕塑

图 4-3-21　乃丁　《马》

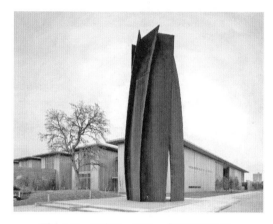

图 4-3-22　理查德·塞拉　《扭曲的椭圆》

图 4-3-23　理查德·塞拉作品

图 4-3-24　罗恩·贡博茨
《生命——平衡》

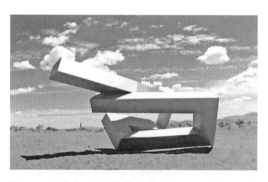

图 4-3-25　约克·普立卡特　《变化——出现与消失》

　　不锈钢是现代工业的产物。高强度且耐腐蚀，经抛光后表面光亮，经精细抛光后甚至可亮如镜面。在户外强光的照射下特别惹眼，它已经被现当代雕塑家们广泛利用。不锈钢经抛光后对光线有极强的反射效果，同时质地坚硬，利用锻造技术可以制造大型的户外雕塑（图 4-3-26 至图 4-3-28）。

图 4-3-26　冯崇利　《竹痕 – 6》

图 4-3-27　余晨星　《天算》

图 4-3-28　安尼施·卡普尔　《大树与眼》

钛合金材料有其独有的特点，也会为现当代雕塑家使用。钛合金在自然光的照射下能呈现出丰富多彩的光泽，这样能使本来简单的形变得丰富多彩（图 4-3-29、图 4-3-30）。

图 4-3-29　佚名

图 4-3-30　佚名

陶瓷是一种古老的雕塑材料。陶瓷是由火烧制而成的泥土。陶和瓷的区别在于烧制温度不同，质地也有些不同。陶烧制温度较低，相对于瓷比较粗犷质朴。而瓷烧制温度较高，施釉后成的瓷质地细腻亮泽，色泽鲜亮华丽。陶在泥性上讲可塑性很强，可做大也可做小，小可直接烧成，大可分块分段烧制，再进行组合拼装，陶由于用泥烧制而成，所以可以保留泥土质朴的气息和雕塑家塑造及制作时的肌理，也可施釉表现丰富的色彩，在制作陶瓷壁画和壁雕上形成独特的装饰效果（图 4-3-31 至图 4-3-35）。

图 4-3-31　郅敏　《天象四神——白虎》

图 4-3-32　黛博拉·哈尔彭

图 4-3-33　贝尔传斯特　三文鱼陶瓷雕塑

图 4-3-34　佚名

图 4-3-35　会田雄亮　《虹的防人》

　　玻璃，是一种比较现代的材质。它晶莹剔透，明朗洁净，可塑性又很强，成为许多现代雕塑家们都很喜爱的材质。玻璃在视觉特征上晶莹剔透、五光十色，在不同的光线下，呈现出不一样的视觉形态：粗糙与细腻、光滑与平滑、反光与亚光、有纹理与无纹理、透明与不透明、规律与不规律等。在雕塑作品中，这种丰富表现的材料，极易形成丰富的、舒服的视觉效果。艺术家和评论家普遍地认为，雕塑的发展应该与时俱进，当下的作品应该符合当下的社会精神心理上的需要。当代的社会是信息化和快节奏的，因此人们逐渐产生对思想空间和修养环境的需要，在西方社会的公共空间和个人的空间里开始大量地使用玻璃。与其他的材料比较，玻璃具有自身的独立特点，它透明，易加工成各种造型，同时又具有耐腐蚀性、隔热、隔音，色彩多变，可调节透明度等优点，随着科技的进步，玻璃这个曾经易碎的特性也可以避免了，制造出了如防弹、防爆、抗风暴等高强度玻璃。不仅如此，还有一些玻璃具有自动调光、屏蔽、减反射、发电、自洁等功能，其品种达到数百个。所以，玻璃从性能上讲，已不是原来传统意义上单纯的建筑采光玻璃的概念了（图 4-3-36 至图 4-3-39）。

图 4-3-36　盛姗姗　《开放的长城》

图 4-3-37　盛姗姗　《二十四节气》

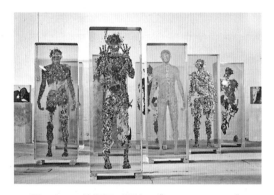

图 4-3-38　达斯汀·耶林　《Psychogeogarphies》

图 4-3-39　达斯汀·耶林　《Psychogeogarphies》

第四节　韵律与节奏

韵律并不只存于音乐中，也存在于雕塑艺术中。韵律是构成系统的诸元素形成系统重复的一种属性，

也是使一系列大体上并不相连贯的感受获得规律化的最可靠的方法之一。而且由于这种对规律性的潜在追求与把握，使人们往往将音乐与雕塑两种不同的艺术门类联系在一起。

建筑被誉为"石头的史诗""凝固的音乐"等。建筑的韵律美表现在重复上：可以是间距不同、形状相同的重复；也可以是形状不同、间距相同的重复；还可能是别的方式的单元重复。这种重复的首要条件是单元的相似性或间距的规律性；其次是节奏的合逻辑性。雕塑的韵律美与建筑、音乐有着千丝万缕的联系（图 4-4-1 至图 4-4-4）。

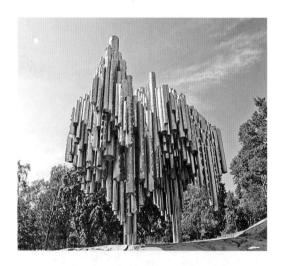

图 4-4-1　芬兰作曲家西博留斯纪念碑

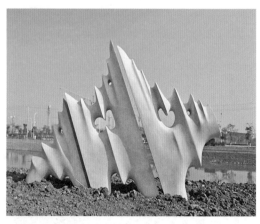

图 4-4-2　吉欧·菲林　《风驰》

图 4-4-3 张新宇 《云水间》

图 4-4-4 佚名

升腾、通达上苍的韵律感。在这些建筑的韵律节奏中都能为景观雕塑提供借鉴和参考。可见，韵律是构成形式美的重要因素。

亚里士多德认为："爱好节奏和和谐之美的美的形式是人类生来就有的自然倾向。"现代考古学也考证了人类自成为有智慧的人类起就有了艺术的天分，这也为人类生存与进步打下了基础。人们有意识地模仿和运用自然界中富有韵律和节奏的自然现象，从而创造出各种各样有条理性、重复性、连续性的韵律美的形式。韵律美要体现的基本特征：连续的、重复的、并保持稳定的距离；按照一定的秩序变化着；波形起伏有节奏的变化；交错的，按一定规律穿插交织有组织的变化（图 4-4-5 至图 4-4-7）。

图 4-4-5 赫伯特·拜尔 《双重上升》

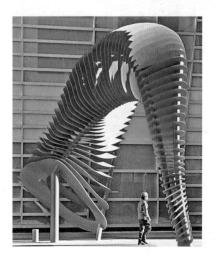

图 4-4-6 卡尔加里作品

与建筑相同，在许多景观雕塑艺术中，群体的高低错落、疏密聚散，形块个体中的整体风格和具体建构，都有其"凝固的音乐"般独具特色的节奏韵律。万里长城可说是人类最宏伟的景观雕塑，那种依山傍水、逶迤蜿蜒的律动，按一定距离设置烽火台遥相呼应的节奏，表现出矫健雄浑、宏伟壮阔的飞腾之势，富有虎踞龙盘、豪放刚毅的韵律之美。北京的天坛层层叠叠、盘旋向上的节奏，欧洲的哥特式建筑处处尖顶、直刺蓝天的节奏，表现出不断

图 4-4-7 佚名

艺术的发展是无限的，艺术的方法也是无穷的，因此艺术创作已经合乎逻辑地走向了多样性，并且形成互相并存的格局。建筑的韵律美是每个建筑师不懈的追求，从艺术角度来看，韵律美也成为雕塑的一种重要的艺术语。建筑和音乐类似，是人类特有的抽象思维和创造力的表达，是对韵律、重复、节奏等宇宙规则的重新编织。建筑形式美之初也是源于对自然物的模仿，而且这种模仿是高级的抽象和创造，雕塑也在与建筑的接洽与糅和中得到宏观与层次的提升（图 4-4-8 至图 4-4-11）。

图 4-4-8 沙漠

图 4-4-9 四川 福宝古镇

图 4-4-10 上海世博会中国馆

图 4-4-11 冰岛 哈尔格林姆教堂

第五节 比例尺度

比例是整体与局部在尺度上相互比较的一种关系，这个关系是尺度感的一种视觉基础。这在我们的基础训练上就能够体现，比如说画素描或做雕塑的时候老师经常会提醒学生要注意比例是否正确，是否合适。这说明了在造型艺术中比例的重要性。比例是研究物体长、宽、高三个方向尺度之间的关系。它关乎作品的协调与稳定。推敲比例就是通过反复的比较而确定三者之间合适协调的关系，在立体的雕塑形态中也就是指体量之间三维形态的大小关系。这里的比例分为两种：一种为雕塑自身的比例，这些近乎原始的雕塑，与真实相比比例并不正确，但这样的比例让其形象更加的明确，在很远处就能看到其面容。并且此种比例让雕塑显得质朴而浑然天成（图4-5-1、图4-5-2）。另一种为雕塑与环境空间的比例感。作为景观的一部分雕塑大小比例要与周围的环境建筑相协调（图4-5-3），或者特意不协调为达到一种特殊的效果（图4-5-4、图4-5-5）。

图 4-5-1　吴哥窟

图 4-5-2　龙门石窟造像

图 4-5-3　卡纳克神庙造像

图 4-5-4　托尼·卡拉格　《破火山口》

图 4-5-5　马克·奎恩　《星术》

景观雕塑同样存在着比例大小是否和谐的问题，协调的比例更有助于作品的表达并且让人赏心悦目，特别的比例让人产生惊喜与意外收获之感，这都属于人们审美的一种需求。景观雕塑作品的比例要根据形式与内容来定。怎样才能获得更好的比例，这需要作者在该形式中进行更多的比例尝试与比较才能得出结论，因为在具体的景观面前我们没有一种普遍使用的绝对的比例关系。就算黄金分割也不能解决太多的问题。有些时候，我们在比例面前失去些经验和自信会更好些，就像罗丹为了做出更好的巴尔扎克雕像，他要做很多的巴尔扎克，最后才能找到心中的作品。亨利·摩尔在雕塑放样前，不知要做多少样稿的比较与调整（图4-5-6至图4-5-9）。

图 4-5-6　罗丹　《巴尔扎克》

图 4-5-7　罗丹　《巴尔扎克头像》

图 4-5-8　亨利·摩尔　《立体形态》

图 4-5-9　亨利·摩尔　《斜倚图——拱腿》

　　尺度是一种客观存在的事物的大小，但尺度感则是实际物体的大小和人之间的一定距离，并给人产生的一种印象。尺度的大小往往和我们人占有的空间大小有一定的关系，如我们占有的空间很小，我们周遭的环境物品就会小些，如果我们占有的空间有足够的大，那么我们所需的环境物品就可能足够的大。当然对于景观雕塑而言，有时候它还会受到功能及文化的影响，比如说重大历史或战争题材的纪念性雕塑，在空间财力允许的情况下当然是越大越发的震人心魄，更能体现题材的神圣与威严（图4-5-10至图4-5-12）。就像古代皇权下的宫殿和神庙、教堂，造得永远让人高不可攀、顶礼膜拜。再比如说在贴近人们生活的公园、街道的景观雕塑，它更适合拥有娇小的身材和恰当的尺度，这样会让人感到更加的亲切和闲适。像人物雕塑尺寸在两三米左右，抽象雕塑也最好不要过大（图4-5-13至图4-5-15）。当然尺寸大小选择也不是绝对的数字化的。它要根据实际的环境内容、表现形式量身而定。同样大小的东西放在小空间里就会显大些，反之，则会显小些（图4-5-16、图4-5-17）。还有不同的材质和肌理以及颜色都会对尺度感产生些许的影响，比如说青铜及黑色花岗岩会有内收的感觉，但浅色的大理石会显得大些（图4-5-18至图4-5-20），在肌理的表达上，粗糙模糊（虚）的表面会比光滑明确（实）的形体表面感觉会大些（图4-5-21、图4-5-22）。

图 4-5-10 吴为山 《兔魂的呐喊》

图 4-5-11 雷宜锌 《马丁·路德·金》

图 4-5-12 阿布辛拜勒神庙 四神像

图 4-5-13 龙翔 《织》

图 4-5-14 徐戈 《岁月留声》

图 4-5-15 姚永康 《飞向太空》

图 4-5-16 乔纳森·博罗夫斯基 《行走的人》

图 4-5-17 佚名

图 4-5-18　夏和兴　《会唱歌的石头》

图 4-5-19　阿曼·皮埃尔·费尔侬戴　《和谐交响》

图 4-5-20　万丽　《天之粮》

图 4-5-21　杨奉琛　《阆渠开心》

图 4-5-22　克拉特作品

尺度是事物外观和特征的比例，包括事物的尺寸、体量乃至形态和功能。在景观雕塑中存在着环境与雕塑的比例与尺度感，也存在于雕塑自身的比例。比例的参照物是人，人以自身的尺度来确定周围自己建造的一切人造环境与设施。

尺度会让人产生心理的影响，物体尺度的大小会影响人们对待事物的态度，尺度大小的感觉往往是对比产生，如果我们在一个空旷的球场放一辆小汽车我们会觉得球很小，而在我们身旁展台上放一辆小汽车给我们视觉感受是不同的。也就是说同样尺寸大小的雕塑放在不同的空间里对我们的影响也会不同，大型雕塑放在小空间里会对我们造成压迫感，让我们变得渺小（图 4-5-23），而小型或者适合的尺寸会让我们感到亲近（图 4-5-24）。

图 4-5-23　理查兹·塞拉　《时间的材料》

图 4-5-24　金元根作品

尺度的大小也会影响人对物体观察的视角。较大的雕塑需要远观，而小的物件会让我们走近观察并想拿捏把玩它。

尺度比例还会影响对内容的表达。一件作品对人们熟悉的常规对象进行了尺度上的改变，会产生强烈的艺术效果，会立刻引起人们对它的重新认识。如果我们把常规的物品放大，这些通常被我们忽略的物品突然被放大到一定的尺寸时，它原来和人的常规比例关系被打破了，它被郑重其事地拉入了我们的视线。物品重新被我们认识，并改变我们的态度。如法国凯萨·巴达奇尼的《大拇指》，克莱斯·奥登伯格的《夹子》都打破了常规的尺寸仿佛一座纪念碑矗立在面前，这会引起我们对个人生活的重新思考（图4-5-25、图4-5-26）。

图 4-5-25　凯萨·巴达奇尼　《大拇指》

图 4-5-26　克莱斯·奥登伯格　《夹子》

第六节　构成解构

雕塑作为一种空间的视觉造型艺术，可以说三大构成（平面构成、立体构成、色彩构成）在其身上都有体现，构成是现代雕塑的基础，但形块的构成却是其构成的主要因素。雕塑是一个三维的造型，由若干个面和形块组合而成，各个形块通过不同的组装方式和结构形态编制成一个有机的整体（图4-6-1至图4-6-4）。

图 4-6-1　让·路易斯·费里埃　《无题》

型来源。如果我们通过解析，人体也可以是由这种几何的形块构成，例如古代兵马俑的陶塑造型（图4-6-5）。古代雕塑工匠们用了许多不同的几何造型把人物组合拼接而成。

图 4-6-2　施慧　《结》

图 4-6-3　潘松　《朴-2》

图 4-6-5　秦兵马俑

　　解构是指把立体形态分割成若干部分，这也是在雕塑作品中常用的一种办法，把一完整封闭的形态拆解打开，让它形成一个相对开放或多层次的空间构成。分割拆解的方式很多，展开、错位、移除、等距排列、重新组合等多种方式（图4-6-6至图4-6-9）。在技术上可利用传统的焊、刨、车等技术，当然有条件的可以用尖端的科学技术生成作品。

图 4-6-4　马天羽　《十年磨剑》

　　立体构成　塞尚把自然物归结为球体、柱体、锥体的组合，认为这是基本的块，许多现代雕塑的造

图 4-6-6　米格尔·伊斯拉作品

图 4-6-7　董书兵　《星光阁》

图 4-6-9　陈融　《岁月如歌》

图 4-6-8　胡标民　《重复》

第五章
景观雕塑案例分析

第一节 定向景观雕塑设计案例

美国越战纪念碑

纪念墙壁平面为一个平放的"V"字形，东翼指向华盛顿纪念碑，西翼指向林肯纪念堂，在几米高的黑色的大理石碑墙上，刻着五万多个战争中逝者的姓名。整个碑墙被置于大片草坪中，用绿地衬托碑体。设计者林璎用两边高中间低的标高差形成的天然地形使碑文所铭刻的名字从两边向中间不断增多，使人由心底萌生一种奇异的心理，具有不可抗拒的感染力。在这没有英雄形象的纪念碑下，在这刻满了逝者姓名的碑墙下，人们思考着战争与和平，慰安无数美国士兵牺牲他乡的灵魂（图 5-1-1 至图 5-1-4）。

图 5-1-2 越战纪念碑广场

图 5-1-3 越战纪念碑广场

图 5-1-1 越战纪念碑广场

图 5-1-4 越战纪念碑广场

林璎说她当初设计纪念碑时，刻意不去研究越南史和越战史，也不从亚裔的观点去思考，同时也不把越战当成一场悲剧，而是从"死亡也是一种荣耀"的角度出发，又以不贸然破坏华府广场的自然环境为原则，纪念碑向地下延伸，黑大理石碑刻上阵亡人员名字。她的设计如同大地开裂接纳死者，具有强烈的震撼力。几乎所有的建筑与艺术评论家都同意，林璎创造了前无古人的纪念碑设计风格，为纪念碑的设计立下了他人难以企及的高标，她的越战纪念碑已成为艺术史上不朽的标志。

黑色的，像两面镜子一样的花岗岩墙体，像打开的书向两面延伸。两墙相交处从下面到地平面，约有3米高，底线逐渐向两端升起，直到与地面相交。墙面上刻满阵亡者的名字。林璎说："当你沿着斜坡而下，望着两面黑得发光的墙体，犹如在阅读一本叙述越南战争历史的书。"

作为整体景观，越战纪念碑还包括一组士兵的雕塑（图5-1-5）。这组雕塑的风格明显与纪念碑不同，有些画蛇添足的嫌疑，这里可从纪念碑成立的历史中找到应证。这是作为公共艺术的纪念碑设计与传统英雄赞歌观念之间的冲突调和的结果。同时也说明了一件前瞻突破性作品所受到的传统观念的反对意见是不可避免的，但时间和人民终究会给它一个公正的评价。

图 5-1-5　越战纪念碑雕塑

第二节　非定向嵌入式景观雕塑设计案例

尽管景观雕塑有很强的公共性，这里的公共性并不是要削弱雕塑的专业性和雕塑家的个性，如果一个景观雕塑没有体现任何的专业性和艺术家独特的造型语言，我相信在把一个城市作为收藏放置者来看，也没有收藏它的价值。作为景观的城市雕塑主要还是由专业的雕塑家来创作和设计，而不是由公众设计和创作，也不是把所有的意见集于一身的大众口味。而是雕塑家运用个性化语言，创作和设计符合时代情感，有意思、有地域特色的作品，甚至有些前瞻。有些作品当时难免有争议，但经过时间的考验最终成为地区的独特景观和标志，而被人们赞誉有加。

这里我们主要是通过对一些典型的、有独特语言的雕塑家的整体了解，从以下几方面切入分析，找出他们在创作设计景观雕塑时的思考和背景来源，供读者以参考和借鉴。

1. 李秀勤雕塑

李秀勤，中国美术学院教授，中国著名女艺术家。她的作品有一般女子少有的"大气"。她是中国最早做金属焊接的一批人的代表。曾经一度失明的特殊经历极大地影响了她的创作观念和方向。这段痛苦的经历反而成了艺术家一种创作上的契机，让她从个人生活的经历出发，从生命体验出发做创作。她从学习盲文的经历中建立了触觉立场上对雕塑的探索方式。李秀勤将触觉研究作为她创作的一个基本方向，她认为，触觉是雕塑创作最基本的条件，失去了触觉，雕塑家就失去了创作的过程，就失去了雕塑的物质性、实在性和精神性。李秀勤的"凹凸系列"被许多的城市与公共场所采纳为雕塑景观。有的被永久地收藏在异国他乡。李秀勤有时还会涉足大地艺术，让这种外来的形式与中国文化对接。尊重传统不是因循守旧、故步自封，而是积极努力地推动传统的现代转换，将传统作为资源而不是包袱，这应该是当代艺术家的一种积极的态度。李秀勤带着她的态度和创作理念开启了她作品的生命之旅。

作品《合》（藏于浙江大学图书馆，图5-2-1）放在图书馆中是一种结构，这种结构是生长在图书馆的建筑之中，雕塑成为图书馆结构的组成部分，雕塑与图书馆的书架、桌椅和图书馆的内涵融为一体，雕塑在这里不再是架上的审美主体，而是一个自由、平等、开放的空间结构。人们无意识地进入其中，身体沉浸在结构中体现作品的结构，作品的结构内涵在与人交往的过程中产生作用。

图5-2-2　李秀勤　《道口·基石》

作品《呼吸的石头》（藏于捷克霍希斯国际雕塑公园，图5-2-3）、《开启的秘密》（藏于华盛顿州立大学，图5-2-4），和石头一起感知大地的温度。被开启的石头宛如一本天书被上帝之手散落在空旷的草地上，作者将千万个盲文种植在"书页"之中。

图5-2-1　李秀勤　《合》

作品《道口·基石》（藏于长白山延吉国际雕塑公园，图5-2-2）一条条错综复杂的铁轨使人产生无限的迷失感。作者利用枕木做了一个桌子，"叉口"结构，镶嵌在桌面上，可以坐下来静静地倾听命运的呼吸，可以联想到火车通过时整个地区被纳入一个巨大的肺部。它吞吐的节奏，让人感受到一种呼吸的力量和震撼。

图5-2-3　李秀勤　《呼吸的石头》

图5-2-4　李秀勤　《开启的秘密》

作品《生命之旅系列之一》（图 5-2-5、图
5-2-6）、《生命之旅系列之二》（藏于上海国际雕
塑公园，图 5-2-7、图 5-2-8）、《生命之旅系列
之三》（藏于桂林愚自乐园国际雕塑公园，图 5-2-
9）表现生命和命运，生和死永远是一对孪生姐妹，
宛如一只连体船紧紧地依偎在一起。生和死是一种
自然生长的秩序，而生命和命运却充满奇异和惊险，
生与死、福与祸是生命的两极，交织在一起。这就
是生命的旅程。

图 5-2-5　李秀勤　《生命之旅系列之一》草图

图 5-2-6　李秀勤　《生命之旅系列之一》

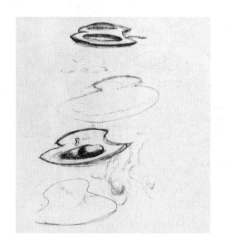

图 5-2-7　李秀勤　《生命之旅系列之二》草图

图 5-2-8　李秀勤　《生命之旅系列之二》

图 5-2-9　李秀勤　《生命之旅系列之三》

她还有作品《对语》（藏于北京石景山国际雕
塑公园，图 5-2-10）、《融会贯通》（收藏于浙江
水利水电学院，图 5-2-11）。

图 5-2-10　李秀勤　《对语》

图 5-2-11　李秀勤　《融会贯通》

2. 新兴的策划人制度下的景观雕塑

近些年来随着城市景观的文化升级及国际文化、经济线路的不断开通，越来越多的地区大力打造文化生态公园，原有的城市景观概念发生变化，文化景观正在走向乡村、原野，甚至走向荒漠。景观的概念外延不断地延伸，雕塑也随之而植入。为了打造出有特色的人文景观，随着景观空间的不断扩大，建设方难以寻找到数量足够多的好雕塑家及雕塑作品，于是策划人制度应运而生，策划人向业内公开征集景观雕塑作品。这种景观雕塑的特点是文化容量大，风格多样，多是把艺术家的个人风格嵌入园区内。以雕塑公园及创作营的形式吸引大量的优秀雕塑家参与景观雕塑的创作（图 5-2-12 至图 5-2-23）。

图 5-2-14　林岗　《清音叩石》

图 5-2-15　杨剑平　《自然的冥思》

图 5-2-12　崔辉　《春风又绿江南岸》

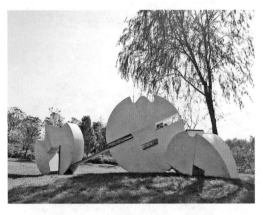

图 5-2-13　让－保罗·沙布莱　《舞者》

图 5-2-16　汉斯·凡·德·伯文卡普　《舞动凝视》

图 5-2-17　贺中令　《开天辟地》

图 5-2-18　鲍海宁　《升华的征程》

图 5-2-19　刘强　《居高临下》

图 5-2-20　卫昆　《象·行》

图 5-2-21　谭勋　《N38° 62' E103° 08'》

图 5-2-22　霍波洋　《清源》

图 5-2-23　段维国　《追梦》

第六章
景观雕塑的创作设计

第一节　从景观雕塑所放置场地的大小不同来进行创作设计分析

1. 大型景观雕塑创作设计理念

要以人文思想为创作设计的核心基础，体现以人为本的道德和价值观，从雕塑的空间、形体、色彩、材质几个方面，去综合地表现公共人文价值和民族创造意识。

要表现地域文化，不同的地域有其自身发展的历史文脉，包括历史文化、经济政治文化、民风民俗文化等，雕塑作品的创作设计要考虑地域文化的特点，才能更全面地呈现出文化历史的厚度感。

要将作品的创作理念与设计理念结合，"设计"要求创作者有目标地把一种计划、规划、设想通过视觉的形式传达出来。要求景观雕塑的创作既要注重艺术审美的表达，又要理解环境和环境受众的需要与期望，并将它们转化为对作品的设计与创作要求，使作品的内容、形态、艺术语言与环境景观以及观者实现审美情感上的完美契合。

2. 小型景观雕塑设计理念

美化环境，营造氛围。相对大型景观雕塑在环境中的主导地位，小型景观雕塑多起到点缀、装饰的作用，创作设计的目的侧重对所处环境审美情趣和氛围的营造。

造型简约明确，避免表现主题隐晦难懂。通过准确概括的空间形态直观地表达艺术情感意境，有利于帮助观者自然而然地感受到作品的审美含义，融入作品营造的整体环境氛围中。

重视材料的特性。不同的材料具有其各自的成型特性。材料本身的自然痕迹和人工处理的肌理效果融汇交织产生不同的形体语言美感，并渗透在环境景观中传递给观者。

第二节　从景观雕塑艺术表现的不同内容形式来进行创作设计分析

1. 纪念性景观雕塑的创作设计

纪念性景观雕塑作品所表现的主题内容是经久不衰的，虽然不同的时代变换着不同的表现方式，但是每个时代都有需要纪念的人和事，大到重大历史事件、英雄人物、文人墨客，小到逝去的亲人故友甚至宠物。人们为了缅怀纪念，用立体的艺术形式来表达、记录自己的心情。"纪念"是针对特定的人物、事件，具有特定的历史时间、背景、地点的怀念和记录，所以纪念性景观雕塑的设计要体现所纪念人物或事件的背景或时代精神性或人物、事件自身的内涵，其艺术形态要求要明确、集中、概括地表现纪念事物的形态特征和精神含义。

　　以富有象征意义的半抽象或抽象的形态来表现所纪念人物、事物的概括性精神内涵，例如：南京大屠杀遇难同胞纪念馆新馆雕塑群。雕塑群以圆雕、浮雕、纪念碑、结合文字以立体综合的方式，再结合吴为山先生写意雕塑的手法，把这一个充满血腥暴力、惨无人道的悲剧性事件表现出来。雕塑群的章节设计明确，歌剧般的宏伟叙事表现了老百姓的苦难深重。第一章主雕像《家破人亡》高十多米，母亲抱着已死去的婴儿仰天长啸，表现了战争中母亲的绝望。后面分别是《痛失》《路遇》《母亲的呼唤》《求生》《轰炸》《血水、乳水、泪水》，最后以一母亲的形象出现命名为《和平》，代表了苦难中人们对和平的期盼（图6-1-1至图6-1-3）。雕塑群叙事完整，构图有力，很好地抒发了悲痛的情感，雕塑的写意手法也正好符合历史下时代的混乱，是一个难以忘却的纪念。美国的圣路易斯国土扩展纪念碑（图6-1-4）建造在密西西比河滨，是一座高达192米的悬链线拱门，以886吨不锈钢建成，是美国向西开发的象征，也称为向西进发的门户。第三任总统托马斯·杰弗逊发动了美国的西部大扩张、大开发，先用战争和购买的方式兼并了法国、西班牙、英国在西部的殖民地，然后对墨西哥开战，把原来属于墨西哥的95万平方英里的土地划到美国的版图，西部大开发、大扩张战果辉煌，不仅扩大了版图面积，人口也有了大规模的增长，西部大开发对美国的军事、政治、经济、文化、生活都有重大的影响。作品以简洁却宏伟大气的拱门跨越之态呈现了美国人西部扩张的勇气与魄力。当高

约190米的弧形拱门划过天际时，其简单纯粹的外观与周边的建筑形成鲜明对比，恰似一道长虹飞架于大地之上。而当我们抬首仰望拱门的时候，似乎又能从内心深处触摸到美国在进入全盛时期的辉煌。

图6-1-1　吴为山　《家破人亡》

图6-1-2　吴为山　《逃难》组雕

图6-1-3　吴为山　《冤魂的呐喊》

图6-1-4　美国国土扩展纪念碑

图 6-1-5　美国国土扩展纪念碑

图 6-1-6　美国国土扩展纪念碑

案例：《唐英纪念像》

（1）定稿　2017 年的夏天，应古窑董事长的邀请，我们讨论了设计唐英纪念像的工作，最后确定的主题为"奉旨督陶"。唐英塑像安放地点是正在修缮建设的唐英纪念馆，具体位置在纪念馆内院的水景正后方中央。基本思路：唐英身着布衣、脚

穿布鞋，一副深入作坊窑厂督陶研究的亦官亦文的亲和形象。几易其稿，又捏塑了四件完整小稿翻模成型（图 6-1-7）。

图 6-1-7　《唐英纪念像》方案

（2）放稿　在定稿的创作中不断地深化，如唐英的体貌特征和相貌，以清朝乾隆年十五年所制"关氏旧藏唐英像"为参照蓝本，因为这件唐英像流传甚广，后世的唐英纪念像多以它为蓝本，事实上已经接受了这种约定俗成的相貌特征。所以，纪念馆的唐英相貌也应该与大家的印象取得一致。唐英纪念像呈现的年龄由原来确定的 40 多岁刚来景德镇的时段，调整为在 60 多岁的唐英已有成就的事业盛年。这样既可保持精神状态的饱满，又不至于面相神态的衰老。越接近主题形象的刻画越需要讲究整体和细节的关系，雕塑构图显得很关键。由于唐英人物站立时，左脚是微微前迈的，所以重心是放在右脚上，雕塑的重心是稳中偏右，单从人物本身来看，雕塑构图是符合人体工学的，但推远整体观察就会有人物缺乏视觉的稳定之感。所以，将唐英本人督造的乾隆重器"瓷母大瓶"置于铜像右侧，既有稳重态势，又气度不凡（图 6-1-8）。

图 6-1-8 《唐英纪念像》放稿

（3）成稿 唐英的精神表现也进行了深入推演，例如眼神，要表达人物是有着远见卓识的官员加文人气质眼睛该怎么表现。眼睛这时不应该是大睁着，所谓的炯炯有神不是唐英形象的内质，应该微微地虚起来一点，眼神才会有智慧感和思想状态。要表现唐英思考时的形象，有意识把他的鼻头微张，嘴唇微抿，这样思考的神情就出现了，对唐英额头皱纹的表现也衬托出唐英的大匠精神。放大尺寸的泥塑更好地在细节上把握了唐英精神，让创作的品质再上升了一个台阶。唐英手中持的瓶子也做了考究和推演，开始用的是梅瓶，后来定为与人物时代一致的转心瓶。至此，唐英铜像的人物形象才得以完善（图 6-1-9）。

图 6-1-9 《唐英纪念像》成稿

（4）翻模 翻模工作非常重要，为保持模型的完美还原，我们用优质的硅胶进行翻模，这样才能保持造型的细节完好。完成后把模子拿到铜厂进行铸造（图 6-1-10）。

图 6-1-10 《唐英纪念像》翻模

（5）铸造 注好蜡型后我们去修整了一天蜡型，因为蜡型的造型会决定成品的效果，所以这一点也不能马虎。后来成品完成之后我们又一次驱车去了南昌铜厂，发现焊接有许多不准之处，特别是铜像的头部与手部。我们进行了反复的切割对位，但始终感觉不对，在铜上调整不是一件容易的事，最后还是调出泥塑照片进行参考线比对才找准了对接口位置，焊牢（图 6-1-11）。

图 6-1-11 《唐英纪念像》铸造

（6）落成　2019年新春，历时三年的唐英像
终于落成（图6-1-12）。

图 6-1-12　曹春生、冯都通　《唐英纪念像》

图 6-1-13　钱士元、冯都通　《都昌八景》

2. 主题性景观雕塑的创作设计

主题指社会生活或现象的某一方面中所蕴含的
中心思想，包括自然主题、精神主题、社会主题等，
景观雕塑艺术创作者通过作品的材料、形态、表现
形式、构成语言来表达出主题的基本思想。运用具
体的物象，如人物、动物、植物等，以他们的形态
语言来象征寓意广泛的概念性主题。

图 6-1-14　钱士元、冯都通　《都昌八景》局部

案例一：都昌县为了纪念都昌的历史文化而在
广场建造景观浮雕墙。浮雕墙为了体现当地的文化特
质，作者选择了当地有历史文化代表意义的八首诗
为创作蓝本，创作了八幅图景。每块画面高2米，
长6米，画与画之间有诗为证，它们分别为《野老
岩泉》《苏仙磨剑》《南寺晓钟》《西河晚渡》《矶
山樵唱》《彭蠡渔歌》《石壁精舍》《陶侯钓矶》。
作品画面场景丰富，构图饱满。雕刻方法采用了写实
雕塑与徽雕相结合处理手法，画面饱满充实，构图连
续回转，雕刻深厚，外轮廓鲜明，体感强烈。这八幅
图景生动地展现了该地区的历史渊源和文化脉络，
深受当地人们的喜爱。《都昌八景》共长50米，高
2米，由花岗岩打制（图6-1-13至图6-1-16）。

图 6-1-15　钱士元、冯都通　《都昌八景》局部

图 6-1-16　钱士元、冯都通　《都昌八景》局部

案例二：《渔舟唱晚》。作者以江南水乡、鱼米之乡为创作背景，创作渔民捕鱼晚归的浪漫画面，加入了古典情怀。长宽各 6 米，高 2.5 米，青铜铸造（图 6-1-17 至图 6-1-20）。

图 6-1-17 冯都通 《渔舟唱晚》

图 6-1-18 冯都通 《渔舟唱晚》局部

图 6-1-19 冯都通 《渔舟唱晚》局部

图 6-1-20 冯都通 《渔舟唱晚》局部

案例三：《师说》。以陶瓷大学师生情谊为主题，作品以两位青年学子侧立于老师边上，老师手握画笔在教学生画图纸，旁边的桌案放着陶瓷器皿，作品中人物桌面均有拉长。作品完美地诠释了以陶瓷设计为纽带的传道授业解惑。作品高 2.2 米，宽 5 米，青铜铸造（图 6-1-21 至图 6-1-24）。

图 6-1-21 黄胜、冯都通 《师说》

图 6-1-22 黄胜、冯都通 《师说》局部

图 6-1-23 黄胜、冯都通 《师说》局部

图 6-1-24 黄胜、冯都通 《师说》局部

运用具体的物象，如人物、动物、植物等，以他们的形态语言来象征寓意广泛的概念性主题，例如：阿里斯蒂德·马约尔的《大气》（图 6-1-25、图 6-1-26）。作品中的人体圆润修长又轻盈，以右胯为唯一支点侧卧，上身仰起，右手凌空伸起脱离地面，两腿伸直悬空，整个身体像被空气托起，半飘浮于空中，仿佛马上就要飞起，作者以此来意喻人类的飞行壮举。

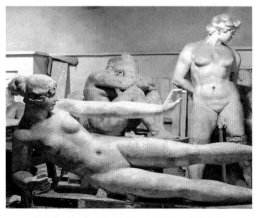

图 6-1-25 阿里斯蒂德·马约尔 《大气》

图 6-1-26 阿里斯蒂德 《大气》

又如雕塑家李秀勤的雕塑作品《生命之旅系列》（图 6-1-27），以浑厚大气，古拙混沌的整体造型，阴阳凹凸互为虚实的空间起伏，静卧于天地水土之间。巨大体量的石块上保留着粗犷而又有序的机械开凿的肌理，产生着黑白灰变幻的质朴光影，流畅、宁静中蕴含着原始的力量。

图 6-1-27 李秀勤 《生命之旅系列》

3. 装饰性景观雕塑的创作设计

装饰性意味着依附性、从属性，具有修饰美化的性质。装饰性景观雕塑以其所放置的周围景观环境的装饰要求为创作设计的导向，其表现的题材内容以及运用的艺术表现形式取决于景观环境的人文气质以及功能性质。内容题材的选择在与环境景观相协调的基础上，相对还是比较宽泛自由的。例如：儿童游乐场所，适合表现富有童趣、色彩鲜艳的内容形象，尺寸巨大，形象可亲又可以游戏其中。景观雕塑作品，草坪中的"玩具木架"，质朴怀旧又

富有童真；弯曲的符号化的人物形象，拱起的姿态、明亮的色彩令小朋友乐在其中；还有超大尺寸的草地自行车、奇异童幻的可爱怪物喷泉，这些题材都十分适合游乐休闲场所的表现。园林公园休闲场所，适合轻松、自然、朴实的题材内容形象——流畅自然的人物造型、自然的来源于动物植物或自然景象的有机形态、简约几何的构成形态。城市街道、建筑区、休闲广场，适合表现与都市生活相关的方方面面的题材内容——服饰、日用品、工业文明、音乐文学等。（图 6-1-28 至图 6-1-34）

图 6-1-30 《鬼马》

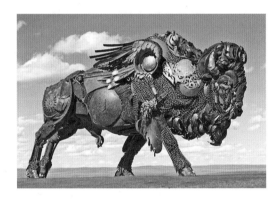

图 6-1-28 佚名

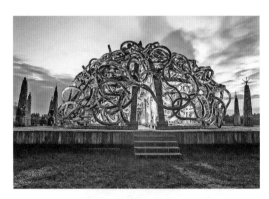

图 6-1-31 佚名

图 6-1-29 阿图尔·博尔达诺
垃圾雕塑

图 6-1-32 妮基·桑法勒 《NaNa》

图 6-1-33　鲑鱼

型上进行翻模加工成形，进行后期喷漆上色，最终
完成落地（图 6-1-38、图 6-1-39）。

图 6-1-35　《欢迎、欢迎》草图

图 6-1-34　阿曼·皮埃尔·费尔依戴
《音乐的力量》

图 6-1-36　《欢迎、欢迎》小稿

案例：《欢迎、欢迎》。为迎接校庆 60 周年设
计的装饰雕塑。设计要求：轻松、幽默、有当代感，
工期为两个月时间。

1. 绘制草图，将要表达的内容以草图的形式表
达清楚，处理好大致的构图与大致的颜色效果（图
6-1-35）。2. 小稿制作，将草图制作成型，把握好
比例与雕塑的趣味，雕塑的格调是具有幽默感的，
所以造型比例带有些许夸张（图 6-1-36）。3. 3D
扫描，由于时间的紧迫，本次雕塑制作借助了 3D 打
印技术。在雕塑小稿上进行扫描，收集数据形成 3D
数码图像，然后在计算机中进行精细调整处理，最
后输出数据打印成大模型（图 6-1-37）。4. 在大模

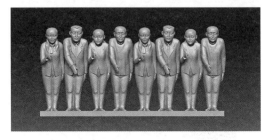

图 6-1-37　《欢迎、欢迎》3D 打印

图 6-1-38　《欢迎、欢迎》

图 6-1-39 《欢迎、欢迎》局部

第三节 景观雕塑创作设计中的技术规范要求

造型整体简洁、结构稳固。尤其是大型景观雕塑的造型设计，要与建筑结构知识结合考虑，保证重心、承重以及凌空部分体量尺寸的力学合理性，确保作品艺术性与结构性的科学统一。

形体的抗震防风。景观雕塑一般体量较大，特别是高大的形体中常有较大的面积块，容易产生风阻，可以采用设计导风口合体块分割衔接的处理，来减小风阻；形体高大也要注重抗震性的解决，可以通过科学的模拟计算法来测算设计合理的重心位置、材质用量以及造型空间的比例安排。

体量尺寸的适度与协调性。合理的长宽高尺度既能与周围的建筑环境或自然景观达到和谐的空间比例美感，又能够恰到好处地体现作品本身的审美风韵与气势。体量太小显得小气、空洞，缺乏力度感，体量太大又显得空间拥挤影响视觉观感，所以在具体的整体环境景观中，依据科学的视觉审美规律理论知识以及景观雕塑创作设计经验，设计合理的景观雕塑作品的长宽高体积尺度，使作品在常规的视觉角度中向观者呈现最完整、最完美的风貌并与周围环境景观和谐统一，是大型景观雕塑创作设计中一个十分重要的因素。

材料在环境中的耐受性。景观雕塑多运用石、木、金属、混凝土等材料，要考虑材料各自不同的在环境中对风、雨、阳光、温度、干湿度的耐受特性，对现代工业环境污染的耐受性，以及对动物生物的排便、攀爬、寄生、腐蚀的耐受性等。首先要选择考虑材料的坚固性与对各种条件的耐受性，同时要借助造型手法或人工材料辅助，做好防腐蚀风化，控制好合适的气压与温度的处理，如在大面积钻孔可以减少气压和温度带来的热胀冷缩伤害，也有助于通风排水，减少风阻与腐蚀；人工材料中有如防锈、防晒的表面处理，可以防虫、防腐、防潮、防掉色等。

参考文献

［1］孙振华.中国美术史图像手册：雕塑卷［M］.杭州：中国美术学院出版社，2003.

［2］欧阳英.西方美术史图像手册：雕塑卷［M］.杭州：中国美术学院出版社，2004.

［3］王培波.漫步欧洲：现代城市雕塑［M］.济南：山东美术出版社，1999.

［4］王玉良.欧洲城市雕塑［M］.沈阳：辽宁美术出版社，1996.

［5］刘骥林.环境雕塑［M］.武汉：湖北美术出版社，2007.

［6］樋口正一郎.世界城市环境雕塑［M］.北京：中国建筑工业出版社，1997.

［7］全国城市雕塑建设指导委员会.中国城市雕塑50年［M］.西安：陕西人民美术出版社，1999.

［8］季峰.中国城市雕塑语义、语境及当代内涵［M］.南京：东南大学出版社，2009.

［9］温洋.公共雕塑［M］.北京：机械工业出版社，2006.

［10］马钦忠.雕塑·空间·公共艺术［M］.上海：学林出版社，2004.

［11］郭少宗.认识环境雕塑［M］.长春：吉林科学技术出版社，2002.

［12］陈连富.城市雕塑环境艺术［M］.哈尔滨：黑龙江美术出版社，1997.